Natalie Faßmann

Das Indianerbeet

Natalie Faßmann

Das Indianerbeet

Die Drei Schwestern im Garten

Eine geniale Mischkultur

illustriert von Margret Schneevoigt

pala verlag

Inhalt

Die Drei Schwestern erobern Europa!

So oder ähnlich könnte es in einer Zeitungsschlagzeile stehen. Denn in den letzten Jahren sind die drei Damen aus Amerika in so manchem Garten in Europa aufgetaucht – und sind geblieben. Ihr charmantes, einnehmendes und unkompliziertes Wesen hat es uns aber auch leicht gemacht.

Von wem hier die Rede ist? Von den drei uramerikanischen Gemüsearten Mais, Gartenbohne und Kürbis, die so gut miteinander auskommen, dass sie gemeinsam auf einem Beet angebaut werden können. Dieser Mischanbau hat Tradition, denn die Uramerikaner in Mittel- und Nordamerika bauten die drei schon vor mehreren tausend Jahren auf diese Weise auf großen Feldern an. Und zwar so erfolgreich, dass sie auch heute noch genau so in großem Stil angebaut werden und nun als Drei Schwestern oder Indianerbeet in Europas Gärten kommen.

Für manche sind sie *das* Paradebeispiel für Mischkultur, aber auch für Permakultur. Was die Drei Schwestern so besonders macht? Das konnten wir lange Zeit nur beobachten und vermuten. Mittlerweile wissen wir, dass diese drei Pflanzenarten unterschiedliche Nischen im Beet besetzen, sich ergänzen und ihre Schwächen ausgleichen. Im Laufe der jahrtausendelangen, gemeinsamen Entwicklung haben sie sich immer mehr aufeinander eingestellt. Vor allem auf ärmeren Böden bringen sie hohe Erträge, ohne den Boden dabei auszulaugen. Auch für die menschliche Ernährung spielten und spielen sie eine bedeutende Rolle, denn sie geben dem Menschen genau den richtigen Mix aus Kohlenhydraten, Eiweißen, Vitaminen und Mineralstoffen, den er für eine gesunde, abwechslungsreiche Ernährung braucht.

Kein Wunder also, dass die nordamerikanischen Ureinwohner diese drei Kulturpflanzen so sehr verehrten und die verschiedenen Stämme sie in der Legende von den »Drei Schwestern« oder den »Three Sisters« verewigt haben. Dieser Begriff ist so eingängig und schön, dass er zum Inbegriff für die Mischkultur aus Mais, Bohnen und Kürbis wurde, egal, wo sie angebaut wird. Erfunden haben sie die in Zentralamerika (Kulturareal Mesoamerika) lebenden Maya. Sie begannen vor etwa 3500 Jahren damit, Kürbis, Mais und Bohnen auf einem Feld anzubauen. Auch für sie waren die drei Kulturpflanzen heilig. Der Mais ist sogar wichtiger Bestandteil ihres Schöpfungsmythos. Die Maya perfektionierten das Mischkultursystem und betteten es in ein übergeordnetes Fruchtfolgesystem ein: die Milpa. Dieses nachhaltige Fruchtfolgesystem dauert mehrere Jahrzehnte an und schützt tropische Böden vor der Auswaschung ihrer Nährstoffe, wie wir heute wissen. Für uns Europäer scheint die Milpa vielleicht zunächst befremdlich, nach näherem Hinsehen aber erstaunlich gut durchdacht. Mehr dazu ab Seite 29.

Vor allem Biogärtner und Permakulturisten haben die Drei Schwestern für den Garten entdeckt. Der Mischanbau von Bohnen, Mais und Kürbis ist ein sich nahezu selbst erhaltendes System, das Jahr für Jahr erneut auf demselben Beet angebaut werden kann. Permakulturgärtner schätzen daran, dass mit den drei ganz unterschiedlich wachsenden Gemüsearten eine natürliche Pflanzengemeinschaft nachgeahmt wird. Die Bohnen klettern an den kräftigen Maisstängeln der Sonne entgegen. Der Kürbis gedeiht im Schatten von Bohnen und Mais und bedeckt den Boden. Das fördert die Bodenlebewesen und freut die Biogärtner. Und für alle Gärtner wichtig: Diese Mischkultur ist schnell geplant und angelegt.

Auch ich selbst bin dem Charme der Drei Schwestern erlegen. Als wir sie in unseren permakulturellen Gemeinschaftsgarten in Berlin einluden, konnten wir nicht ahnen, dass sie eine so magische Wirkung auf uns haben würden. Nun sind wir froh, dass wir sie haben, denn sie sind so herrlich unkompliziert und anspruchslos. Sie schenken uns viel Zeit, sodass wir uns um unsere Gemüsebeete – und vor allem um die Tomaten – kümmern können, ohne dass es die Drei Schwestern übel nehmen. Denn ihr Geheimnis ist: Wenn sie nicht so oft gestört werden, wachsen sie zu einem dichten Dschungel heran. Und es macht einfach Spaß, die drei bei ihrem Wachstum zu beobachten und sich von ihnen zu anderen Mischkulturen inspirieren zu lassen.

Tauchen Sie mit mir ein in die Welt der Drei Schwestern! Erfahren Sie, wie und wann sie zum ersten Mal angebaut wurden, warum sie so gut funktionieren und woher das die Maya-Bauern wussten. Im zweiten Teil des Buches gibt es praktische Tipps, um den Drei Schwestern in Ihrem Garten einen herzlichen Empfang zu bereiten.

Die Drei Schwestern

Schon seit einer halben Ewigkeit, mindestens aber seit etwa 3500 Jahren, werden Mais, Kürbis und Bohnen in einer Mischkultur angebaut. Und es gibt keinen anderen weltweit bekannten Mischanbau, der sich mit damit vergleichen lässt, obwohl Nutzpflanzen seit Jahrtausenden gemeinsam angebaut werden. Die Monokultur ist eine Erfindung der Neuzeit.

Dieses besondere Anbauverfahren wurde von den Maya in Zentralamerika entwickelt und Jahr für Jahr, Jahrzehnt für Jahrzehnt und Jahrhundert für Jahrhundert verbessert – selbst heute noch findet eine stetige Anpassung statt. Denn Mais, Bohnen und Kürbis werden in Zentralamerika noch immer auf mehreren Hektar großen Feldern gemeinsam angebaut. Diese erfolgreiche Mischkultur fand ihren Weg auch

nach Nordamerika, wo sie Eingang in die Legende der »Drei Schwestern« fand (siehe Seite 26). In den letzten Jahrzehnten hat man versucht, dem Geheimnis der Drei Schwestern auf die Spur zu kommen. Dank intensiver Forschungsarbeit wissen wir heute, dass die Maya geniale Beobachter waren. Sie entwickelten ein Anbausystem, das sich die Natur zum Vorbild nahm. Gleichzeitig griffen sie jedoch sanft in die Natur ein, um auf den armen tropischen Böden hohe Erträge zu produzieren, ohne sie weiter verarmen zu lassen.

Gemeinsam stark

Mischkulturen werden immer sorgfältig zusammengestellt. Denn die Pflanzen dürfen nicht zu stark zueinander in Konkurrenz treten. Bedrängen sich die Pflanzen und nehmen sich gar gegenseitig Licht, Wasser und Nährstoffe weg, lassen Vitalität und Ertrag einzelner oder aller Pflanzen bald nach. Das passiert bei Mais, Bohnen und Kürbis nicht, denn ihr Zusammenleben ist sehr harmonisch, sie kennen die Marotten der anderen gut und können sie ausgleichen. Jede der drei Arten besetzt in ihrem kleinen Lebensraum eine Nische und kommt so den anderen nicht in die Quere. Und jede bringt etwas mit, was die anderen brauchen können.

► **Gut zu wissen:** Mischkultur ist der gemeinsame Anbau verschiedener Pflanzenarten. Welche Pflanzen gut zueinanderpassen und vor allem miteinander auskommen und sich sogar gegenseitig in ihrer Leistung steigern können, hängt von ihren jeweiligen Standortansprüchen, Nährstoffbedürfnissen, Wurzelausscheidungen, der Zugehörigkeit zu einer Pflanzenfamilie und dem Habitus ab. ■

Durch die lange, gemeinsame Evolution und stetige Auslese durch die Bauern entstanden Sorten, die bestens mit der Konkurrenz klarkommen. Diese Sorten haben womöglich ganz eigene Strategien entwickelt, wie sie ihren Raum behaupten können. Da hätten moderne Hochleistungssorten mit der Konkurrenzsituation im Beet so ihre Schwierigkeiten. Sie können nur in Reinkultur hohe Erträge bringen. Um die Drei

Schwestern im Garten auszuprobieren, brauchen wir diese speziellen Mischkultur-Sorten jedoch nicht. Welche Sorten besonders empfehlenswert sind, lesen Sie bei den jeweiligen Gemüseporträts ab Seite 60.

Wie sie das Licht optimal nutzen

Die Drei Schwestern ahmen die natürliche Vegetation nach. Mit ihrem unterschiedlichen Habitus besetzen sie verschiedene Ebenen im Beet und nutzen so den Raum optimal aus. Der Mais wächst straff aufrecht und hat lange, schmale Blätter. Die Bohnen ranken am Mais der Sonne entgegen. Mit ihren gelappten Blättern füllen sie die Lücken zwischen den schmalen Maisblättern und schließen die Krone. Der Kürbis wächst schnell und bedeckt mit seinen großen Blättern bald den Boden im feuchten Schatten, den Mais und Bohnen spenden. Als lebender Mulch verhindert er, dass der Boden austrocknet und dass Unkraut wächst.

Und wie sieht es unter Tage aus?

Auch unter Tage konkurrieren die drei Arten nicht, denn ihre Wurzeln nutzen unterschiedliche Strategien zur Aufnahme von Nährstoffen und Wasser, wie ein Forscherteam der Pennsylvania State University (Postma & Lynch, 2012) herausfand. Ihre Wurzeln wachsen in verschiedenen Bodenhorizonten. Das tun sie übrigens nicht, wenn sie einzeln angebaut werden.

Dreh- und Angelpunkt erfolgreichen Pflanzenwachstums ist die Verfügbarkeit von Stickstoff als Nährstoff. In der Mischkultur übernimmt der Kürbis die Rolle des größten Stickstoff-Verbrauchers und bleibt mit seinen Wurzeln in den oberen Bodenschichten. Mais geht mit seinen Wurzeln in tieferen Bodenschichten auf die Suche nach Stickstoff. Die Bohne braucht keinen Bodenstickstoff, denn als Leguminose kann sie sich mithilfe der Knöllchenbakterien mit Luftstickstoff versorgen. So deckt sie zwischen 20 und 60 Prozent ihres Stickstoffbedarfs! Zudem produzieren Bohnen und Kürbis vermehrt Wurzelausscheidungen, mit denen sie schwer lösliche Phosphatverbindungen für sich verfügbar machen können, ebenfalls ein Hauptnährstoff. Die alter-

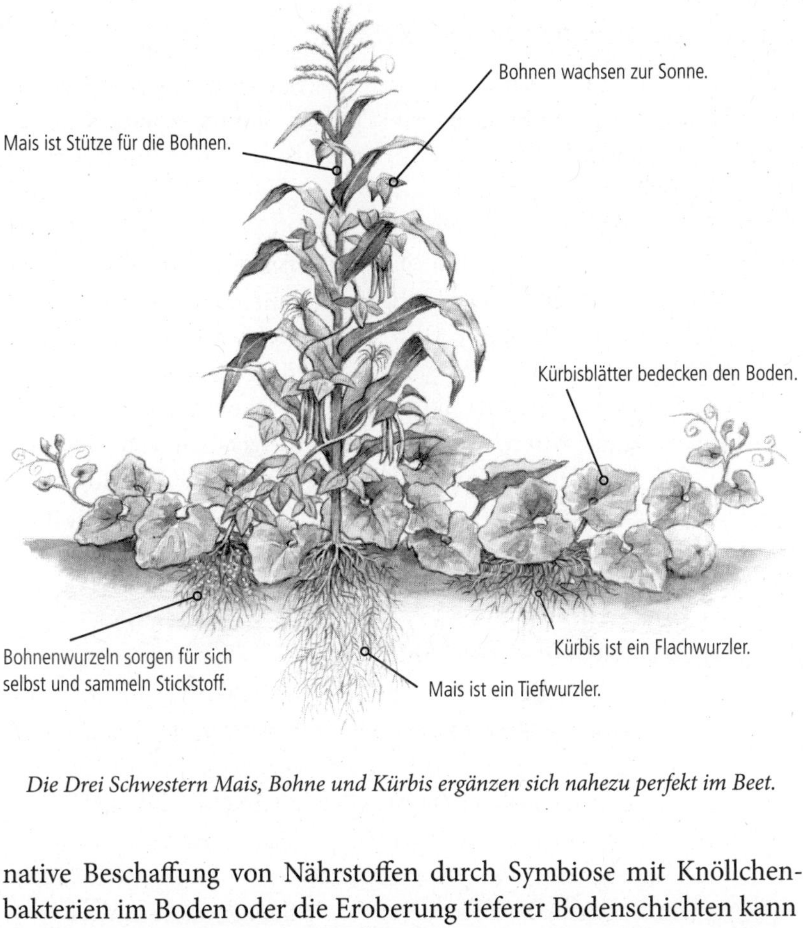

Die Drei Schwestern Mais, Bohne und Kürbis ergänzen sich nahezu perfekt im Beet.

native Beschaffung von Nährstoffen durch Symbiose mit Knöllchenbakterien im Boden oder die Eroberung tieferer Bodenschichten kann auch der Schlüssel dafür sein, warum die Drei Schwestern besonders auf Böden mit geringer Bodenfruchtbarkeit höhere Erträge bringen.

► **Übrigens:** Werden die drei Kulturen solo angebaut, ergibt sich ein ganz anderes Bild des Wurzelwachstums: Der Mais bleibt mit den meisten seiner Wurzeln in den oberen 20 Zentimetern. Der Kürbis wandert ein Stückchen tiefer und besiedelt die Schicht zwischen 20 und 40 Zentimetern. Die Bohnenwurzeln verteilen sich dagegen ausgeglichen über den gesamten Bodenhorizont bis 60 Zentimeter und können so auch aus tieferen Schichten Nährstoffe beziehen. ■

Gibt die Bohne eigentlich Stickstoff ab?

Kürbis und Mais sind also darauf angewiesen, dass genügend Stickstoff im Boden zur Verfügung steht, etwa durch Humus, Kompost, Gründünger oder andere Düngerarten, während die Bohne in dieser Hinsicht eine Selbstversorgerin ist.

In Mischkulturen mit Bohnen und anderen Leguminosen stellt sich oft die Frage, ob die Leguminosen selbstlos sind und den fixierten Stickstoff mit ihren hungrigen Nachbarn teilen. Die schlechte Nachricht: Während ihrer Lebenszeit tun sie das kaum. Bohnen geben ihren kostbaren Stickstoff nur in sehr geringen Mengen ab und das auch eher unbeabsichtigt, zum Beispiel über Wurzelausscheidungen und verrottende Blätter und Wurzeln. Die Transfermengen von der lebenden Leguminose in den Boden liegen zwischen 2 und 69 Prozent, je nachdem, um welche Leguminosenart es sich handelt, meist jedoch unter 10 Prozent. Davon allein könnten sich Mais und vor allem der immer hungrige Kürbis nicht ernähren. Erst wenn die Bohnen absterben und verrotten, geben sie den Stickstoff, den sie in den Blättern und Trieben, Früchten und Wurzeln gespeichert haben, frei. Dann steht er auch den anderen Pflanzen zur Verfügung, und das gar nicht mal so knapp: Zwischen 4 und 8 Gramm Stickstoff pro Quadratmeter bleiben zurück.

Tipp Um schon während der Saison an den kostbaren Stickstoff der Bohnen zu kommen, müssten sie gerodet werden. Ausprobiert wurde das mit 1 Reihe Mais und 2 Reihen Buschbohnen oder Reiserbohnen. Eine Reihe Bohnen wird als Mulch geschnitten, wenn der Mais blüht. Dann hat Mais einen hohen Stickstoffbedarf und ist für die Zusatzgabe dankbar. Die stickstoffreichen Pflanzen verrotten sehr schnell und geben den Stickstoff in Nitratform an den Boden ab. Erstaunlicherweise reduziert die gerodete Reihe Bohnen den Bohnenertrag nicht, denn die zweite Reihe Bohnen kann sich danach besser entwickeln und kompensiert den Ausfall. Wer das mal ausprobieren möchte, sät zwischen den Reihen mit den Drei Schwestern zusätzlich Buschbohnen oder eine andere Leguminose aus und schneidet sie als düngenden Mulch für Mais und Kürbis.

Ein Kreislauf entsteht

Werden nicht nur die Wurzeln und Blätter der Bohnen, sondern auch die Ernterückstände von Mais und Kürbis, zum Beispiel Maiskolbenreste und Kürbisschalen, sowie die Unkräuter wieder ins Beet eingearbeitet, wird genügend organische Substanz zurückgeführt, um den Boden fruchtbar zu halten. Diese Ernterückstände gehen dann in die Stickstoffbilanz ein, mit der die Stickstoffmenge ermittelt wird, die wir Gärtner den Drei Schwestern für ihr Wachstum noch geben müssen (siehe Seite 141).

So entsteht ein nahezu geschlossener Kreislauf. Nahezu, denn die Ernteprodukte Bohnenhülsen, Kürbisfrüchte und Maiskolben werden dem System entnommen. Durch die stete Zufuhr von Mulch und organischem Material braucht trotzdem nur wenig zusätzlicher Dünger aufgewandt zu werden. Der Boden ist schön locker und wird vor der Aussaat nur noch mit einem Sauzahn oder Kultivator vorbereitet. Die reduzierte Bodenbearbeitung nach der Ernte und vor der Aussaat verringert zudem, dass einjährige Unkräuter aufgehen. Denn deren Samen werden durch Umgraben oder andere intensive Maßnahmen an die Bodenoberfläche gebracht und keimen aus. Das macht einen Extra-Tag in der Woche fürs Unkrautjäten! Das Drei-Schwester-Beet kann jedes Jahr auf derselben Fläche angelegt werden, solange keine bodenübertragbaren Krankheiten auftreten, die einen Flächenwechsel notwendig machen.

Der Mensch wird genährt

Mais ist bei den Drei Schwestern die Hauptkultur. Sie liefert die meisten Kalorien pro Hektar im Vergleich zu Bohnen und Kürbis. Die früheren Bauern sicherten mit einer Mindestanzahl an Maispflanzen zunächst diesen Ertrag und ergänzten dann Bohnen und Kürbis, die der Nahrung hochwertige Proteine, Mineralien und Vitamine hinzufügten.

Maiskörner, Bohnenkerne, Kürbisfleisch und Kürbiskerne bringen gemeinsam ausgewogene Mahlzeiten auf den Tisch. Die Maiskörner liefern Kohlenhydrate und einige – nicht alle – notwendigen Aminosäuren in gut verfügbarer Form. Nicht verfügbar für den Menschen sind die zwei essentiellen Aminosäuren Lysin und Tryptophan. Um diese lebenswichtigen Aminosäuren, Niacin und Kalzium aus dem Maiskorn zu lösen, wird der getrocknete Mais vor der Verarbeitung zu Mehl traditionell 40 Minuten in einer Kalklösung gekocht. Diesen Prozess nennt man Nixtamalisation. Für den Zuckermais ist diese Behandlung nicht notwendig. Bohnenkerne sind ebenfalls eine gute Eiweißquelle. Sie bringen auch die beiden beim Mais nicht verfügbaren Aminosäuren mit. Dazu gibt es noch Ballaststoffe, die Vitamine B_2 und B_6, Zink, Eisen, Mangan, Jod, Kalium und Phosphor. Das Kürbisfruchtfleisch ist reich an Vitaminen, vor allem an den Vitaminen C und A, und an Mineralstoffen. Kürbiskerne und Kürbiskernöl liefern wertvolle ungesättigte Fettsäuren und Vitamin E.

► **Übrigens:** Ein traditionelles nordamerikanisches Schmorgericht aus Mais und Bohnen, dem oft auch gewürfelte Kürbisstücke zugefügt werden, ist Succotash. Also die Drei Schwestern auf dem Teller. Ein ähnliches Eintopfgericht finden Sie auf Seite 130. ■

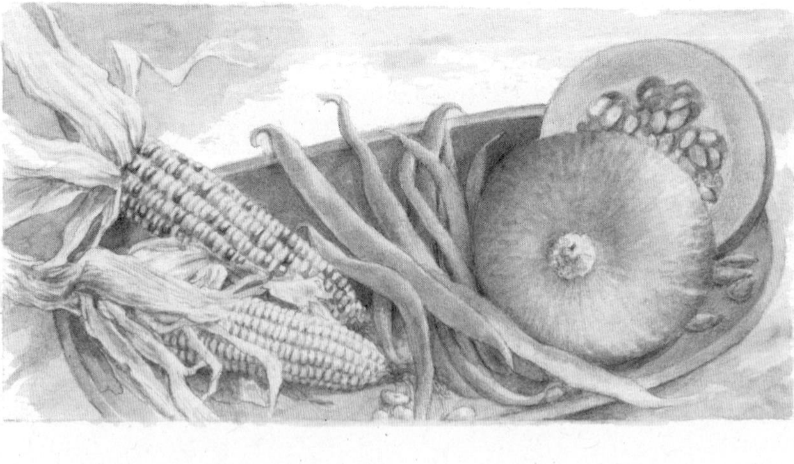

Eine Erfolgsgeschichte

Nach heutigem Stand der Forschung müssen die frühen Bauern gewusst haben, warum Mais, Bohnen und Kürbis so gut zusammen wachsen. Und wenn man die Geschichte der einzelnen Kulturpflanzen betrachtet, kann man auch erkennen, zu welchem Zeitpunkt die Mischkultur zum ersten Mal ausprobiert wurde.

Wann alles begann

Man kann ziemlich genau sagen, wann alles begann. Höhlenfunde in der Nähe von Ocampo im Nordosten Mexikos belegen, dass die Drei Schwestern bereits vor etwa 3500 Jahren angebaut wurden. Auch die Entwicklungsgeschichte von Mais, Bohnen und Kürbis und die Kulturgeschichte der Maya in dieser Region zeugen davon. Schon vorher baute man die drei Arten gezielt an, aber jeweils einzeln. Heute vermutet man, dass die Arten erst nach und nach auf dem Feld zusammenrückten. Die Maya-Bauern in Zentralamerika waren gute Beobachter. Sie sahen, dass sie von den Mischkulturfeldern mehr ernten konnten, als wenn sie die Kulturen einzeln anbauten. Denn durch ihre unterschiedlichen Wuchseigenschaften verdrängen Mais, Bohnen und Kürbis das Unkraut, das im Kampf um Licht, Platz, Wasser und Nährstoffe das Nachsehen hat.

Der Kürbis ist wohl die älteste Kultur, mit der die Bauern vor etwa 10 000 Jahren im Westen Mexikos zu experimentieren begannen. Nach ein paar tausend Jahren Anbauerfahrung mit Kürbis kam der Mais dazu. Dieses Getreide erschien vor 3000 bis 6000 Jahren. Als die Bauern den Mischanbau dieser beiden Kulturpflanzen verstanden und erfolgreich damit waren, wurde auch die Bohne vor 2000 bis 3000 Jahren darin aufgenommen. Im Laufe der Jahrtausende fand eine Koevolution, ein Sich-miteinander-Entwickeln, statt, was perfekt aufeinander abgestimmte, konkurrenzfähige Sorten hervorbrachte.

▸ **Übrigens:** Spannend ist, was sich aus der Kulturgeschichte noch ableiten lässt: Die ersten Bauern haben bei der Kultivierung neuer Nutzpflanzen nicht die anspruchsvolleren Arten ausgewählt, wie man mit zunehmendem Wissen über Landwirtschaft annehmen könnte. Im Gegenteil, sie entschieden sich eher für solche, die weniger Ansprüche an den Boden stellen. Ein gutes Beispiel dafür sind die Drei Schwestern. Kürbis wurde als Erstes in Kultur genommen. Er reagiert am empfindlichsten auf Nährstoffmangel im Boden. Mais, die zweite Kultur in den Drei Schwestern, ist anspruchsloser als der Kürbis. Und die Bohne, die als Letztes in Kultur genommen wurde, kommt mit sehr wenig Nährstoffen und damit auch Pflege und Aufmerksamkeit durch den Landwirt aus. ■

Die Koevolution fand nicht nur zwischen den drei Gemüsearten statt. Auch der Mensch entwickelte sich mit dem Mischanbau weiter. Er lernte, »seine« Kulturpflanzen zu schützen, damit er mit ihnen genügend Nahrung produzieren konnte. Und er entwickelte ein komplexes mythologisches System rund um die drei Pflanzen. Mehr dazu ab Seite 26.

Mais ist fest im Schöpfungsmythos der Maya verankert. Gemeinsam mit Bohnen und Kürbis war er ein Grundnahrungsmittel.

Wie sich das System ausbreitete

Aus den Anfängen entwickelte sich eine extensive Landwirtschaft, die stabile Erträge brachte und das ökologische Gleichgewicht aufrecht erhielt. Die gezielte Selektion von Sorten für den Mischanbau und die konsequente Weiterentwicklung des Mischanbaus, eingebettet in das Fruchtfolgesystem der Milpa, unterscheidet dieses Anbausystem deutlich von der europäischen Landwirtschaft. Von Mexiko aus breitete sich die Mischkultur aus Bohnen, Mais und Kürbis zunächst in Zentralamerika aus. In Nordamerika wurde sie mindestens schon um 900 n. Chr. angebaut. Sie war so bahnbrechend, dass sie dort sogar bereits etablierte Nutzpflanzen wie die Gänsefuß-Art *Chenopodium berlandieri,* das Gras *Phalaris caroliniana,* Sonnenblumen, das Schlagkraut *Iva annua* und andere zum Teil verdrängte und im Drei-Schwester-Mythos der nordamerikanischen Ureinwohner bis heute überliefert ist (siehe Seite 27). Die Europäer führten die drei Kulturen ab dem 16. Jahrhundert in Europa und Afrika ein, wo sie auch zunächst gemeinsam angebaut und gegessen wurden.

Warum entstand so etwas nicht auch in Europa?

Im tropischen Zentralamerika werden Humus und Nährstoffe während der Regenzeiten schnell aus den Böden ausgewaschen. Man brauchte ein Anbausystem wie die Milpa, das den Boden schonend behandelt. Die Nährstoffe werden hierbei meist durch gezieltes Abbrennen des Waldes in den Boden gebracht und stehen zunächst nährstoffbedürftigen, ertragreichen Kulturen zur Verfügung. Nach wenigen Jahren ist der Boden ausgelaugt. Dann werden Gehölze gepflanzt, die Nährstoffe in ihrem Holz anreichern. Nach einigen Jahrzehnten werden sie verbrannt, um die Nährstoffe zurückzugewinnen. Auf diese Weise wandern die intensiv bewirtschafteten Drei-Schwester-Felder alle paar Jahre auf einen neuen Standort (siehe ab Seite 29).

In Europa dagegen ist das Klima gemäßigt und die Böden bleiben in der Regel über mehrere Jahrzehnte fruchtbar. Die Bauern waren nicht darauf angewiesen, klimatische Defizite durch Mischanbau auszugleichen. Mit der Dreifelderwirtschaft entstand im 11. Jahrhundert ein System rotierender Reinkulturen, das die Fruchtbarkeit des Bodens erhielt. Mit der Entwicklung der Agrochemie (künstliche Dünger und Pflanzenschutzmittel) und der Hybridzüchtung wurde die Landwirtschaft intensiviert. Die Kulturpflanzenzüchtung verfolgte andere Ziele als in Zentralamerika. In Europa selektierte man Sorten, die in Monokulturen immer höhere Erträge bringen, meist zulasten der Robustheit und der Konkurrenzfähigkeit. So sind Sorten entstanden, die die Konkurrenz benachbarter Pflanzen nicht mehr gewohnt sind. Würde man diese modernen Sorten heute in einer Mischkultur anbauen, brächten sie weniger Erträge.

► **Gut zu wissen:** Wie unterscheiden sich die verschiedenen Anbauarten? **Mischkultur** ist der Anbau von mindestens zwei Kulturarten auf einer Fläche. **Reinkultur** ist der Anbau einer Kulturart, die in ein Fruchtfolgesystem eingebettet ist. **Monokultur** ist der Anbau einer Kulturart mehrere Jahre hintereinander auf derselben Fläche. ■

Mais und Bohnen auf großen Feldern

Zwei der Drei Schwestern, Mais und Bohnen, bauen Subsistenzbauern in Afrika und Südamerika immer noch auf großen Feldern in Mischkultur an. Dabei sind es nicht nur Stangenbohnen und Buschbohnen der Gattung *Phaseolus*. Der Mais wächst auch gern mit anderen stickstofffixierenden Leguminosen wie der Erdnuss *(Arachis hypogaea)* in Malawi, der Kuhbohne *(Vigna unguiculata)* und der Straucherbse *(Cajanus cajan)* in Ghana oder mit Ackerbohne *(Vicia faba)*, Erbse *(Pisum sativum)* und Andenlupine *(Lupinus mutabilis)* in Peru. Der Kürbis, die dritte Schwester, wird dort nicht mitgepflanzt, was daran liegen kann, dass er für den Anbau auf großen Feldern zu hohe Ansprüche an die Verfügbarkeit von Wasser und Nährstoffen stellt. Warum man den Mischanbau der Monokultur vorzieht? Es ist der höhere Biomasseertrag, den Mais und Bohnen gemeinsam »erwirtschaften«: Er ist höher, als wenn die beiden einzeln angebaut werden. Und der abwechslungsreiche Mischanbau unterdrückt Unkräuter, hält Schädlinge fern und spart so Pflegearbeiten.

Getreide und Leguminosen: gezielte Selektion

Während der Jungsteinzeit, die vor etwa 12 000 Jahren begann und vor etwa 5000 Jahren in die Bronzezeit überging, entwickelten sich aus den Jägern und Sammlern Bauern. Sie lebten teils sesshaft, teils nomadisch. Man vermutet, dass es in dieser Zeit mindestens sechs Zentren des Ackerbaus gab, in denen die Menschen wichtige Kulturpflanzen gezielt angebaut und gezüchtet haben. Immer dabei waren mindestens eine Kohlenhydratquelle und eine Eiweißquelle, manchmal auch Öl- und Faserpflanzen. Die Eiweiß liefernden Pflanzen sind zum größten Teil stickstofffixierende Leguminosen, die sich vermutlich alle zusammen mit Getreidearten entwickelt haben. Diese sechs Zentren sind der Fruchtbare Halbmond im Nahen Osten, Zentralamerika, die südamerikanischen Anden, die Sahelzone und Äthiopien in Afrika und der Südosten Chinas. Zusätzlich gibt es noch Regionen, in denen diese Kulturpflanzen zwar weiterentwickelt, aber nach heutigem Stand nicht entstanden sind.

1 Fruchtbarer Halbmond: Gerste, Einkorn, Emmer, später auch Weizen und Roggen (Kohlenhydrate); Linse, Erbse und Kichererbse (Eiweiß); Lein (Öl und Fasern)
2 Zentralamerika: Mais (Kohlenhydrate); Gartenbohnen (Eiweiß); Kürbis (zunächst Öl)
3 Anden: Amarant (Kohlenhydrate); Quinoa und Erdnuss (Eiweiß); Baumwolle (Öl und Fasern)
4 Südosten Chinas: Kolbenhirse und Perlhirse im Norden, Reis im Süden (Kohlenhydrate); Sojabohne (Eiweiß); Hanf (Öl und Fasern)
5 Sahelzone und Westafrika: Sorghum, Perlhirse und Afrikanischer Reis (Kohlenhydrate); Bambara-Erdnuss und Augenbohne (Eiweiß)
6 Äthiopisches Hochland: Fingerhirse und Teff (Kohlenhydrate); Augenbohne (Eiweiß)

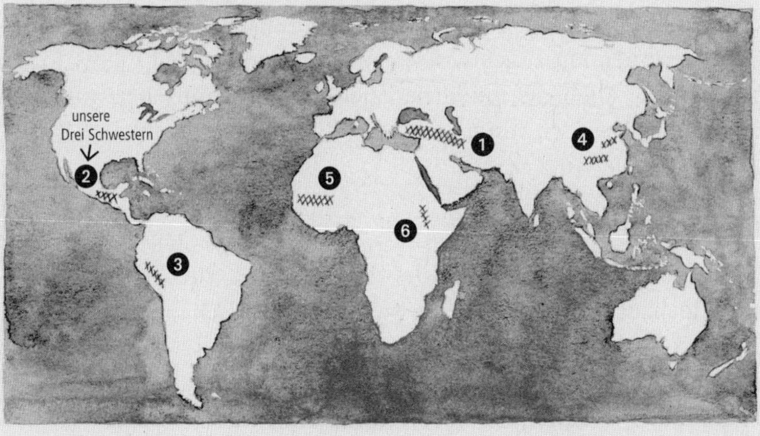

Auch in Europa!

Ja, auch in Mitteleuropa gibt es kleine Inseln des kommerziellen Mischanbaus von Mais und Bohnen. Der Rheintaler Ribelmais lässt sich zum Beispiel bis ins 17. Jahrhundert zurückverfolgen. Traditionell ist die Schwefelbohne, ein Buschbohnentyp, seine Partnerin. Erst vor vergleichsweise kurzer Zeit, in den 1990er-Jahren, wurde in der Steiermark zudem ein Mischkultursystem für Mais und Feuerbohnen entwickelt, bei dem nicht der Mais, sondern die Bohne im Mittelpunkt steht! Wie bei den Drei Schwestern dient der Mais als Stütze für die Bohne. Derzeit wird das Gemenge auf etwa 1000 Hektar maschinell gesät und geerntet. Die schweren Bohnenkerne werden mit Sieben von den leichteren Maiskörnern getrennt und beide anschließend separat getrocknet. Der neue Mischanbau brachte die traditionsreiche steirische Käferbohne, wie die Feuerbohne in der Steiermark auch genannt wird, wieder ins Bewusstsein der Menschen und auf den Teller.

Forschungsthema: Drei Schwestern

Die wissenschaftlichen Erkenntnisse um die Herkunft und die Vorteile der Drei Schwestern verdanken wir verschiedensten Wissenschaftlern, vor allem in Nord-, Mittel- und Südamerika. Sie beschäftigen sich mit den Ursprüngen, dem Verhalten der drei Pflanzenarten in der Mischkultur, mit Nährstoffverfügbarkeit und Schädlingsaufkommen und mit den soziokulturellen Aspekten der Drei Schwestern und der Milpa. Die höchst spannenden Ergebnisse sind in den ersten Teil dieses Buches eingeflossen. Auch die moderne Züchtungsforschung begibt sich auf die Spur der Drei Schwestern und des Geheimnisses ihres Erfolges.

Von den Alten lernen

Stangenbohnen und Mais werden seit mehr als 2000 Jahren gemeinsam angebaut. Seitdem wurden sie auf ihre Mischanbaueignung hin selektiert. Dabei haben sich diejenigen Sorten durchgesetzt, die sich nicht wie Konkurrenten, sondern wie Partner verhielten. Diese Form der Züchtung nennt man koevolutionäre Züchtung. Werden Mais und

Bohnen unter Konkurrenzbedingungen selektiert, haben die selektierten Sorten andere Eigenschaften als die in Reinkultur selektierten Sorten. Sie sind besser auf das Miteinander in einer Mischkultur eingestellt, in der ein anderes, meist feuchteres Mikroklima vorherrscht.

Europäische Züchter arbeiten derzeit an verschiedenen Partnerkulturen à la Drei Schwestern. Sie erhoffen sich vom Mischanbau, dass mineralische Dünger durch die bessere Ausnutzung vorhandener Nährstoffe und der Einsatz von Herbiziden reduziert werden können. Neue europäische Sorten für den Mischanbau von Mais und Bohnen gibt es jedoch noch nicht. Das Zuchtprogramm ist noch im Gange. Im Blickfeld der Agrarforscher ist die Mais-Bohnen-Mischkultur heute zur Energieproduktion und als Silage-Futter für Wiederkäuer – wegen des höheren Biomasseertrages und der besseren Flächenausnutzung.

▸ **Übrigens:** Nicht alle Kulturpflanzen können einfach verpartnert werden. Der Versuch, zum Beispiel Mais und Sonnenblumen gemeinsam anzubauen, geht schief. Sie sind sich einfach zu ähnlich: Beide sind Starkzehrer und der Mais leidet unter der Konkurrenz um Nährstoffe und Wasser. Die Sonnenblume kümmert im feuchteren Mikroklima zwischen den Maisreihen und ist anfällig für die Sklerotiniafäule. ■

Wie entstehen Mischkultur-Sorten heute?

Wahrscheinlich entstehen Mischkultur-Sorten heute ganz ähnlich wie es die mexikanischen Bauern bei den Drei Schwestern taten: Züchter selektieren die Sorten nach bestimmten Kriterien. Nehmen wir das Beispiel der europäischen Züchtung von Mais und Bohnen für die Energiegewinnung: Die Pflanzen werden zur gleichen Zeit geerntet und gemeinsam gehäckselt, siliert und in die Biogasanlage gebracht. Züchtungsziel ist deshalb: gleiche Reifezeit und höchster Biomasseertrag im gemeinsamen Anbau. Denn werden die Bohnen vor dem Mais reif, trocknen sie ab und der Biomasseertrag der Gesamternte sinkt. Also selektiert man diejenigen Pflanzen, die die größte Leistung im Mischanbau gebracht haben. Bis daraus neue Sorten entstehen, vergehen mehrere Jahre.

Die Legende der Drei Schwestern

Mais, Bohnen und Kürbis sind fest im mythologischen Kanon der Ureinwohner Nordamerikas und Zentralamerikas verankert. Die Maya führen die Menschheit selbst auf den Mais zurück: Die Götter wollten unbedingt Menschen erschaffen, die sie anbeten. Sie versuchten es mit verschiedenen Ausgangsstoffen, doch klappte es nicht. Erst als sie Menschen aus Maisteig formten, gelang es.

Der Schöpfungsmythos der Maya

Der Schöpfungsmythos der Maya ist im Buch Popul Vuh, dem heiligen Buch der Quiché-Maya, niedergeschrieben: Die Götter Tepeu und Gucumatz wurden von den anderen Göttern beauftragt, Menschen zu erschaffen. Sie unternahmen drei Versuche, bevor sie endlich zufrieden waren. Die ersten Menschen waren aus Lehm. Sie hatten keine Kraft und waren dumm. Die Götter waren enttäuscht und zerstörten ihre Schöpfung. Die zweiten Menschen waren aus Holz. Sie waren stark, doch hatten sie keine Seele. Sie konnten sich nicht an ihre Schöpfer erinnern und sie anbeten. Auch das war ein Fehlversuch. Endlich fanden die Götter das richtige Material: Mais. Aus Maisteig formten sie vier perfekte Menschen. Sie waren stark und ihren Schöpfern so dankbar, dass sie sie anbeteten. Das waren die ersten Maya.

Der Schöpfungsmythos der Irokesen

In Nordamerika spielen die Drei Schwestern in vielen Mythen, Sagen, Legenden und Zeremonien der Ureinwohner eine Rolle. Ihren Ursprung haben sie im Schöpfungsmythos der Irokesen.

Es wird erzählt, dass die Erde entstand, als Sky Woman aus der Oberwelt fiel. Eines Tages schaute sie neugierig durch ein Loch im Himmel. Dabei beugte sie sich so weit vor, dass sie auf einen unendlichen Ozean fiel. Die Tiere sahen sie fallen. Sie nahmen die Erde vom Meeresgrund und breiteten sie auf dem Rücken einer riesigen Schildkröte aus, damit Sky Woman weich fallen konnte. Diese Schildkröten-Insel ist das, was heute Nordamerika genannt wird. Sky Woman war schwanger, als sie auf die Erde fiel. Als sie landete, gebar sie eine Tochter. Die Tochter wurde zur jungen Frau und vom Westwind schwanger. Sie starb jedoch bei der Geburt ihrer Zwillingssöhne. Voll Trauer begrub Sky Woman ihre Tochter in der Neuen Erde und auf ihrem Grab wuchsen die drei heiligen Pflanzen: Mais, Bohnen und Kürbis. Diese Pflanzen ernährten zunächst die beiden Kinder, später die ganze Menschheit.

Die Drei Schwestern

Der Ausdruck »Drei Schwestern« stammt von einer Sage der nordamerikanischen Ureinwohner. Diese Sage variiert von Stamm zu Stamm. Hier ist eine Variante nacherzählt nach den Mohawks, einem Stamm der Irokesenliga.

»Vor langer Zeit lebten drei Schwestern zusammen auf einem Feld. Diese Schwestern unterschieden sich sehr voneinander. Die kleinste Schwester trug ein grünes Kleid. Sie war noch so jung, dass sie anfangs nur krabbeln und nicht allein stehen konnte, es sei denn, man gab ihr einen Stock. Die mittlere Schwester war in leuchtendes Gelb gekleidet. Sie war ein Wildfang und wollte immer herumlaufen, wenn die Sonne schien und ihr der Wind ins Gesicht wehte. Die älteste Schwester hatte einen blassgrünen Schal um die Schultern geschlungen und ihr langes, blondes Haar wehte in der leichten Brise um ihren Kopf. Sie stand aufrecht über ihren beiden Schwestern und beschützte sie. Doch in einem waren sie sich ähnlich: Sie liebten einander innig und standen immer nahe beieinander. Das machte sie stark.

Eines Tages kam ein Junge am Feld vorbei, der mit den Vögeln und Tieren sprach – das machte die Schwestern neugierig. Doch sie blieben an ihrem Platz stehen. Im Spätsommer verschwand die jüngste und kleinste der drei Schwestern. Die beiden verlassenen Schwestern waren sehr traurig darüber. Dann kam der fremde Junge wieder vorbei, um am Fluss Schilf zu sammeln. Die beiden Schwestern sahen seine Fußspuren im Schlamm. In der folgenden Nacht folgte die mittlere Schwester neugierig den Spuren und kam nicht zurück. Nun war die älteste Schwester allein. Sie stand weiterhin aufrecht im Feld und weinte Tag und Nacht um ihre Schwestern. Vor lauter Einsamkeit wurde ihr grüner Schal blass und ihre Haare dünn. Als die Zeit der Ernte kam, ging der Junge wieder am Feld vorbei und hörte sie weinen. Er nahm sie in die Arme und brachte sie ins Haus seiner Eltern. Und dort sah sie auch ihre beiden Schwestern wieder! Sie waren dem Jungen neugierig gefolgt, denn sie wollten wissen, wie er lebt. Die drei mochten sein warmes Heim und entschieden sich, den Winter über bei ihm zu bleiben. Und sie taten alles, um sich nützlich zu machen. Die kleine Schwester in Grün, die mittlerweile erwachsen war, half, den Kochtopf zu füllen. Die mittlere Schwester in Gelb saß auf dem Regal und trocknete sich selbst für eine spätere Mahlzeit. Die älteste Schwester würde sich zu Mehl mahlen. Und so blieben die Drei Schwestern für immer zusammen und waren nie wieder getrennt.«

Haben Sie die Schwestern erkannt?

Die jüngste Schwester in Grün ist die Bohne. Die mittlere Schwester in Gelb ist der Kürbis und die älteste Schwester mit dem langen, wehenden Haar und dem grünen Schal ist der Mais.

Die Milpa

Die Drei Schwestern sind ein anschauliches und gut funktionierendes Beispiel für Mischkultur und für Permakultur im Garten. In ihrem Ursprungsgebiet Zentralamerika werden sie jedoch selten allein angebaut. Sie sind vielmehr Teil eines größeren, nachhaltigen und sich selbst erhaltenden Systems: der Milpa.

Ein geniales Anbausystem

Die Milpa ist ein mehrjähriges, nachhaltiges Anbausystem, das von der Hochkultur der Maya in Zentralamerika entwickelt wurde. Die Milpa war und ist das Herz eines Maya-Waldgartens. Da im tropischen Klima jegliches organisches Material schnell abgebaut wird, nimmt auch die Bodenfruchtbarkeit schnell ab. Die Milpa beugt dem vor, indem über mehrere Jahrzehnte gezielt Humus aufgebaut wird und Nährstoffe in Gehölzen gespeichert werden. So gehen sie nicht verloren. Mit der Milpa können auf ärmeren Böden relativ hohe Erträge erzielt werden, ohne dabei künstliche Dünger und chemische Pflanzenschutzmittel einsetzen zu müssen. Das Besondere an der Milpa ist die Brandrodung, die die Nährstoffe für intensive Gemüsekulturen wieder verfügbar macht. Ein Teil der Milpa sind die Drei Schwestern, die zu Beginn eines Milpa-Zyklus angebaut werden.

Das Wort »Milpa« hat seinen Ursprung in dem Nahuatl-Wort »mil-pa« und bedeutet so viel wie »zum Feld«. In Mexiko und Zentralamerika ist »Milpa« aber auch der Name für ein kleines Feld, das dem Dschungel abgewonnen wird (durch Brandrodung) und für ein paar Jahre genutzt wird, um dann auf ein anderes Feld zu wechseln.

Milpas gibt es heute noch vor allem in Zentralamerika. Neben den traditionellen beziehungsweise intensiven Milpas, die mehrere Jahrzehnte genutzt werden, gibt es auch konventionelle oder weniger intensive Milpas. Deren Brachezeit dauert nur noch 10 Jahre. Das ist viel zu kurz, als dass ein ordentlicher Wald entstehen kann. Bevölkerungswachstum und Flächenknappheit werden als Gründe dafür gesehen, dass dieses besondere Anbausystem verkürzt wurde. Die Bauern nutzen die Milpa-Felder gleichberechtigt neben Monokulturfeldern, auf denen sogenannte Cash Crops (Tabak, Zuckerrohr, Kokospalmen, Bananen, Zitrus, Ananas, Sesam, Gummi) für den Export angebaut werden, Weideflächen und einem Hausgarten, dem »Milpa Solar«. Deshalb erscheint die mexikanische Landschaft aus der Luft betrachtet heute wie ein Flickenteppich aus Monokulturen und artenreichen traditionellen Feldern.

▸ **Übrigens:** Schädigt Brandrodung nicht die Umwelt? Hier muss man zwischen der Milpa und anderen sogenannten slash-and-burn-Anbausystemen in den Tropen unterscheiden. Bei einer Milpa wird über mehrere Jahrzehnte gezielt ein Wald zu dem Zweck aufgebaut, dass in seinen Pflanzen Nährstoffe gespeichert werden. Diese werden erst durch Verbrennen wieder verfügbar gemacht. Dabei achtet man darauf, dass das Holz schnell verbrennt. Denn brennt es zu lange, erhitzt sich der Boden und ist nicht mehr fruchtbar. Slash-and-burn-Anbausysteme überlassen die Felder nach wenigen Jahren einer natürlichen Brache, wenn die Erträge nachlassen, und wechseln auf ein neues Feld. ■

Ein Stück Permakultur

Eine traditionelle Milpa ist ein ausgezeichnetes Beispiel für Permakultur. Durch Beobachtung und Experimentierfreude ist es gelungen, mit einer Vielzahl an Pflanzenarten eine natürliche Pflanzengemeinschaft nachzuahmen, in der sich auch Tiere wohlfühlen und geduldet sind. In solch einer Pflanzengemeinschaft sind die Kulturpflanzen an den Standort angepasst und selbst Wildpflanzen werden integriert und genutzt. So können nicht nur Lebensmittel und Gewürze geerntet werden, sondern auch die eine oder andere Medizin. Der Boden wird mit dem organischen Material, das in der Milpa anfällt, bedeckt,

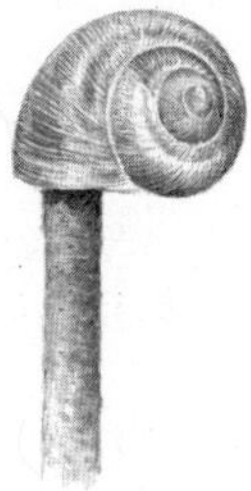

zum Beispiel mit Pflanzenrückständen und Unkraut. Durch die dichte Bepflanzung und die Mulchschicht ist der Boden nie unbedeckt. Das verringert die Erosion und führt dem Boden organische Substanz zu. Des Weiteren reichern Holzasche und tierische Dünger den Boden mit Nährstoffen an. Nach der intensiven Nutzung kann sich der Boden erholen. In den Bäumen und Sträuchern, die dann gepflanzt werden (oder die sich von allein ansiedeln), werden Nährstoffe und Mineralien gespeichert. Nach mehreren Jahren bis Jahrzehnten, in denen der Wald genutzt wird, werden die Gehölze gezielt verbrannt, um ihnen die Nährstoffe wieder zu entlocken. Sie gehen in den Boden zurück und werden von den nährstoffbedürftigen Gemüsekulturen genutzt und dadurch nicht ausgewaschen.

► **Gut zu wissen:** Der Begriff »Permakultur« ist im Vergleich zur Milpa relativ jung. Er entstand 1978 als Kunstwort aus den beiden englischen Worten »permanent« und »agriculture«. Entwickelt wurde der Begriff von den Australiern Bill Mollison und David Holmgren. Dahinter steht die Vision, Lebensräume für Menschen, Pflanzen und Tiere so stabil und ökologisch zu gestalten, dass ein sich selbst regulierendes System entsteht, das dauerhaft funktioniert und mit minimalen Eingriffen durch den Menschen auskommt. Das Konzept ist nicht neu und wird so oder ähnlich schon seit Jahrtausenden angewendet. Durch Mollison erhielt es einen eingängigen Namen. Ein Beispiel für funktionierende, sich selbst erhaltende Lebensräume sind Waldgärten wie die Milpa in Mittelamerika und Aquakulturen, in denen verschiedene Fischarten gleichzeitig gehalten werden und der Mensch nur die »überschüssigen« Fische »erntet«.

Ursprünglich für die Landwirtschaft entwickelt, ist Permakultur heute zu einem Denkprinzip geworden, das Soziales, Ökologie und Wirtschaft als ein System betrachtet, das die Bedürfnisse aller berücksichtigt. Ein Beispiel für die weitergedachte Permakultur ist die weltweite Transition-Town-Bewegung, die sich mit dem nachhaltigen Umgang mit Ressourcen wie fossilen Brennstoffen und der Stärkung der lokalen und regionalen Wirtschaft beschäftigt. ■

Hält die Mischkultur tatsächlich Schädlinge fern?

Nein, das tut sie nicht. Auch in der Milpa gibt es Käfer und ihre Larven, Schmetterlinge, Raupen und Blattläuse, die in Monokulturen bedeutende Schäden anrichten können. Doch die Milpa-Bauern sind entspannt. Ja, die Insekten knabbern an Blättern und Wurzeln oder nisten sich in den Vorratslagern ein. Aber der Schaden bleibt gering und es gibt keine großen Ernteverluste. Insekten werden nicht als Schädlinge eingestuft, wie Forscher bei Interviews mit guatemaltekischen Bauern herausfanden.

Die Milpa-Bauern gehen entspannter an diese Problematik heran als wir Europäer. Sie teilen den Mais mit den Tieren und bauen vorausschauend immer etwas mehr an. Einige Bauern erklären sich das geringe Schädlingsaufkommen mit den optimalen Wetter- und Bodenbedingungen für den Maisanbau in ihrer Region. Das kann aber nicht der einzige Grund sein, denn Bauern in derselben Region, die ihren Mais nicht traditionell in der Milpa anbauen, haben Probleme mit Schädlingen.

Und tatsächlich, im Verlauf der Interviews rückten die Bauern mit ihren Anbau-Geheimnissen heraus, die sie von ihren Vorfahren lernten. So verringern sie beispielsweise mit vorbeugenden Maßnahmen den Schädlingsbefall: Sie wählen den Standort sorgfältig aus (nach welchen Kriterien, haben sie nicht verraten). Dann lassen sie ihre Hühner über die Fläche laufen, die im Boden scharren und die darin lebenden Insekten aufpicken. Einige geben Kalk oder Asche auf den Boden, was die Zahl der bereits vorhandenen Insekten ebenfalls reduziert. Und sie achten auf die optimalen Pflanzzeiten. Andere wiederum setzen zwischen die Mais-Bohnen-Hügel essbare oder heilende Pflanzen wie Miltomate (eine Art Tomatillo), Quilete (ein Schwarzer Nachtschatten), *Brassica napus* und *Brassica rapa* (Kohlgewächse) oder die Leguminose *Crotalaria longirostrata* (ein Blattgemüse). Zudem kommen biologische Abwehrmittel aus Weinraute und biologische Insektizide aus Mutterkraut, Mexikanischem Drüsengänsefuß, Studentenblume und Koriandersamen zum Einsatz (Morales & Perfecto, 2000).

Eine Runde Milpa, bitte!

Ein traditioneller Milpa-Zyklus dauert mehrere Jahrzehnte, denn nach dem intensiven Anbau von Gemüse werden Obstbäume und Edelhölzer gepflanzt. So entsteht mit den Jahren ein kleines Wäldchen. Gut erforscht sind solche traditionellen Milpas auf der mexikanischen Halbinsel Yucatán.

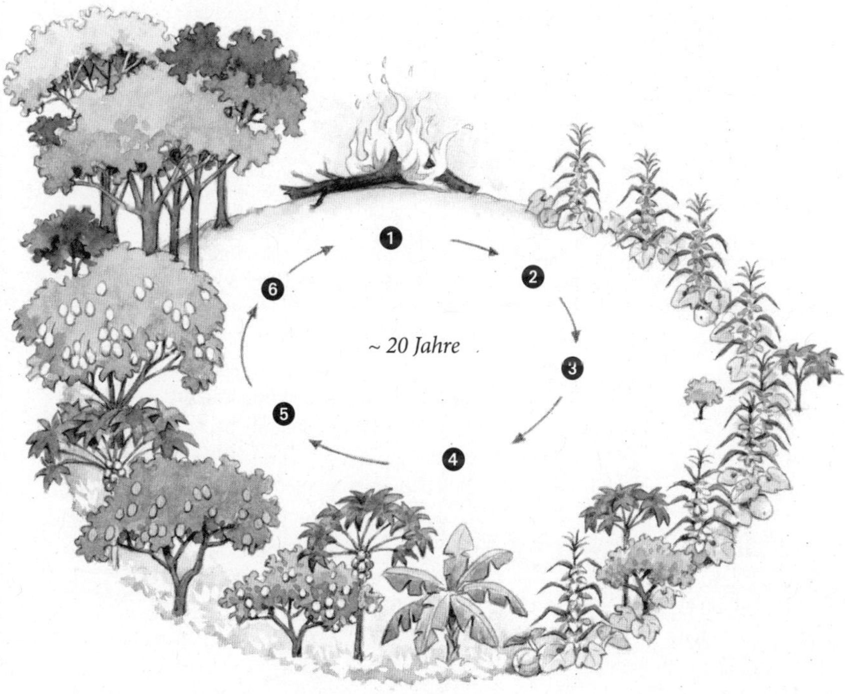

Der Milpa-Zyklus:

1: Brandrodung
2: die Drei Schwestern im Zentrum einjähriger Gemüsekulturen
3: einjährige Gemüsekulturen und Vorbereitung des Waldgartens
4: Waldgarten mit Obstbäumen
5: Harthölzer und Obstbäume
6: bewirtschafteter Wald

Pflanzenvielfalt in einer intensiven Milpa

Dass bis zu 70 verschiedene Gemüsearten in einer Milpa angebaut werden können, war bekannt. Doch welche Gehölze wachsen denn nun in den nachfolgenden Waldgärten und Wäldern? In Belize haben Forscher eine Zählung der Pflanzenarten gemacht und die vorherrschenden Pflanzen zusammengetragen. Das Ergebnis: Kein Gehölz wächst ohne Grund in einer Milpa. Die Bäume liefern nicht nur Obst und Nutzholz, sondern auch Gewürze, Fasern und Rohstoffe für Medizin und Kosmetik (Ford & Nigh, 2010).

Phase im Milpa-Zyklus	vorherrschende Pflanzen*
Gemüseanbau in den Jahren 1 – 7	▹ Gemüse: u. a. Mais, Bohnen, Kürbis, Tomaten, Chili, Wurzelgemüse, Yambohne ▹ Kräuter ▹ kurzlebige Stauden ▹ Bäume und Sträucher, die wieder austreiben ▹ Palmen ▹ Obstbaumsämlinge
Waldgarten in den Jahren 8 – 30	▹ Gemüse: u. a. Kürbis, Weißnessel/Baumspinat, Maniok ▹ Obst: u. a. Ananas, Cochenille-Feigenkaktus ▹ Palmen: u. a. Sabalpalme, Babassuspalme ▹ Obstbäume: u. a. Stachelannone, Papaya, Avocado, *Byrsonima crassifolia* (Acerola-ähnliche Art), Echte Guave, Feuerbusch, Breiapfelbaum, Honigbeere, Große Sapote ▹ weitere Nutzbäume: u. a. Kapokbaum, Amerikanischer Balsambaum, Karibischer Ameisenbaum, Marienlorbeer, Stierhorn-Akazie, Affenseife, Brotnussbaum, Piment, *Bucida buceras, Quercus oleoides, Guarea glabra, Simira salvadorensis, Guazuma ulmifolia*
Wald in den folgenden Jahren bis zur Brandrodung	▹ Obstbäume: u. a. Gelbe Mombinpflaume, Sansapote, Honigbeere, Große Sapote ▹ weiter Nutzbäume: u. a. Babassuspalme, Stechwurzelpalme, Sabalpalme, Amerikanischer Balsambaum, Jamaica Dogwood, Amerikanisches Mahagoni, Brotnussbaum, *Aspidosperma cruentum, Zuelania guidonia, Alseis yucatanensis, Simira salvadorensis*

*Für einige der Arten gibt es keinen deutschen Namen.

Gemüseanbau

Am Anfang steht das Feuer. Das wandelt einen kleinen Wald in ein Feld um, auf dem in den ersten Jahren der Milpa einjährige Gemüsekulturen angebaut werden. Diese brauchen viel Sonne und intensive Pflege. Im Mittelpunkt stehen die Drei Schwestern Mais, Bohnen und Kürbis. Doch sind sie nicht allein. Je nach Region werden sie durch eine Vielzahl anderer Gemüsekulturen ergänzt. Bekannt sind rund 70 Arten, zum Beispiel Tomate, Paprika, Chili, Amarant und Gänsefußgewächse. Aus dieser Liste werden 12 bis 20 Arten ausgewählt. Diese Form der Mischkultur ist die hohe Kunst!

In der Milpa wachsen sowohl Kulturpflanzen als auch Kulturpflanzen mit Wildcharakter und Wildpflanzen nebeneinander. Trotzdem wird täglich Unkraut gejätet, was die Pflege sehr aufwendig macht – zum Vorteil von Pflanze und Mensch, denn das Unkraut bleibt als Mulch auf dem Beet liegen und sorgt für eine stete Zufuhr von Nährstoffen. Zudem verlängert das Unkrautjäten die Zeit, in der das Beet für einjährige Kulturen genutzt werden kann, auf 5 bis 8 Jahre. In dieser Phase beginnt man bereits damit, den Waldgarten vorzubereiten. Der Gemüseanteil wird geringer. Diese erste Phase kann in traditionellen Milpas bis zu 15 Jahre andauern, je nachdem, wie fruchtbar der Boden ist. In konventionellen oder weniger intensiven Milpas, in denen das Unkraut mit Herbiziden bekämpft wird, sinken die Erträge nach spätestens 3 Jahren.

Waldgarten mit Obstbäumen und Gemüse

Nach dem intensiven Feldanbau überlässt man das Feld entweder der Sukzession, in der sich die Natur die Fläche bald zurückerobert, oder man pflanzt gezielt Bäume und Sträucher, von denen man später noch etwas ernten kann. Die vorbereitenden Schritte dafür finden schon in der ersten Phase statt, parallel zum Gemüseanbau, nach etwa 3 bis 7 Jahren: Zwischen die Gemüsekulturen werden Obstbäume wie Avocado, Mango, Zitrus, Guave und Cherimoya, aber auch Gewürzbäume wie Piment gepflanzt. Sie tragen bereits nach 5 Jahren die ersten Früchte. Auch schnell wachsende Obstarten werden jetzt angepflanzt:

Kochbananen, Bananen und Papayas bringen bereits im ersten Jahr Ertrag. Noch stehen die jungen Obstkulturen mit den Gemüsekulturen einträchtig beisammen. Diese Phase geht nach etwa 20 Jahren, wenn die Bäume größer werden, in die nächste Phase über.

Ein Wald mit Obstbäumen und Edelhölzern

Die Obstbäume sind mittlerweile so groß, dass ihre Kronen den Boden beschatten und so das Pflanzenwachstum unterdrücken. Die Drei Schwestern und die anderen Gemüse verschwinden aus der Milpa. Stattdessen werden im lichten Schatten der Obstbäume Harthölzer wie Zeder und Mahagoni angepflanzt, die in den nächsten Jahrzehnten heranwachsen sollen. Die Harthölzer überragen dann die Obstbäume. Es entsteht ein bewirtschafteter Wald mit wenig bis gar keiner Unterpflanzung. Nach 20 bis 40 Jahren, manchmal auch erst viel später, werden die Nutzhölzer gerodet und geerntet. Die anderen Bäume werden verbrannt und geben die Nährstoffe für die Gemüsepflanzen der ersten Phase frei. Der Kreis schließt sich. Je länger sich der Boden erholen und Humus anreichern kann, desto ertragreicher ist auch der Feldanbau.

Die Drei Schwestern im Garten

Im ersten Teil des Buchs haben Sie erfahren, wo die Drei Schwestern ihren Ursprung haben und warum diese Mischkultur so gut funktioniert. Im zweiten Teil wird es praktisch: Auf den folgenden Seiten lesen Sie, wie Sie die Drei Schwestern in Ihren Garten holen können, natürlich im kleinen Maßstab. Mit den vorgestellten Anbauplänen ist das einfacher als vielleicht gedacht. Und sobald sich die Drei Schwestern etabliert haben, machen sie im Sommer kaum noch Arbeit. So bleibt Ihnen viel Zeit, diese besondere Mischkultur zu studieren und sich zu überlegen, was Sie mit der Ernte alles anstellen möchten.

Wo stehen die Drei Schwestern am besten?

Legen Sie das Drei-Schwester-Beet an einem sonnigen Standort mit humosem Boden an. Das Beet sollte mindestens 3 mal 3 Meter messen. Die meisten Drei-Schwester-Designs haben eine Nord-Süd-Ausrichtung, um das Sonnenlicht optimal auszunutzen. Setzen Sie die Mais-Bohnen-Kreise nicht nebeneinander in eine lange Reihe. Denn beim Mais übernimmt der Wind die Bestäubung. Stehen die Pflanzen nebeneinander, kommen zu wenig Pollen auf die Blüten und die Maiskolben sind unregelmäßig mit Körnern besetzt. Besser sind quadratische, rechteckige oder kreisförmige Beete.

Wie plane ich mein Drei-Schwester-Beet?

Anfangs ist es am einfachsten, eines der folgenden Anbau-Designs auszuwählen und nachzumachen. Die Designs unterscheiden sich in der Anordnung der einzelnen Pflanzen zueinander. Sie sind an die regionalen Standortbedingungen in den Ursprungsländern angepasst. Für unser gemäßigtes Klima eignen sich vor allem die Designs, die von nordamerikanischen Indianerstämmen entwickelt und nach ihnen benannt wurden. In unserem Garten in Berlin verwenden wir seit ein paar Jahren eine Variante des Wampanoag-Designs, das den Gegebenheiten im Garten angepasst wurde. Experimentieren Sie zunächst mit den hier vorgestellten Designs und lernen Sie dabei die Drei Schwestern kennen. Nach zwei, drei Jahren Anbauerfahrung können Sie darauf aufbauend Ihre eigenen Designs entwickeln.

Das Grundmuster

Die meisten Designs können auf ein Grundmuster zurückgeführt werden, das die Menschen abhängig von Klima, Bodenfeuchte und Vegetation veränderten. Mais und Bohnen werden häufig gemeinsam in einem Kreis oder Hügel angebaut. Dabei befinden sich die Maispflanzen im Inneren und die Bohnen außen herum. Die Kreise oder Hügel liegen 1 bis 1,5 Meter voneinander entfernt. Der Kürbis wird in die Zwischenräume zwischen den Mais-Bohnen-Hügeln gesetzt. Eine Ausnahme ist das Hidatsa-Design, bei dem Mais und Bohnen in getrennten Kreisen angepflanzt werden (siehe Seite 46). Von Mais und Bohnen braucht man mehr Pflanzen als vom wuchernden Kürbis. Folgende Pflanzabstände gelten, wenn nicht anders im Design angegeben:

- Mais: etwa 15 Zentimeter im Tuff, 1,2 Meter zwischen den Tuffs
- Bohnen: zwischen 20 und 40 Zentimeter
- Kürbis: zwischen 1 und 2 Meter (je nach Sorte)

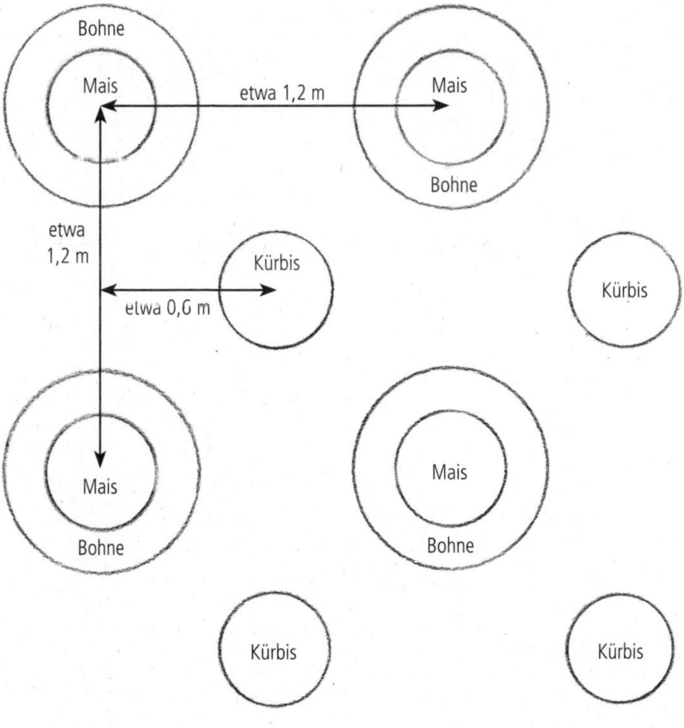

Mais, Bohnen und Kürbis werden in Kreisen gepflanzt beziehungsweise gesät. Dieses Grundmuster findet man in den Designs auf den folgenden Seiten in ähnlicher Weise wieder.

Wampanoag-Design
Mais, Bohnen und Kürbis auf Hügeln

Der Wampanoag-Anbaustil ist nach den Wampanoag, einem nordamerikanischen Indianerstamm, benannt. Er ist an das Klima und die kurze Vegetationsperiode im Nordosten der USA angepasst. An die nördlichen Ränder ihrer Gärten pflanzen die Wampanoag zusätzlich Sonnenblumen. So können sie den Platz gut nutzen, ohne dass die hohen Sonnenblumen Schatten auf die Drei Schwestern werfen.

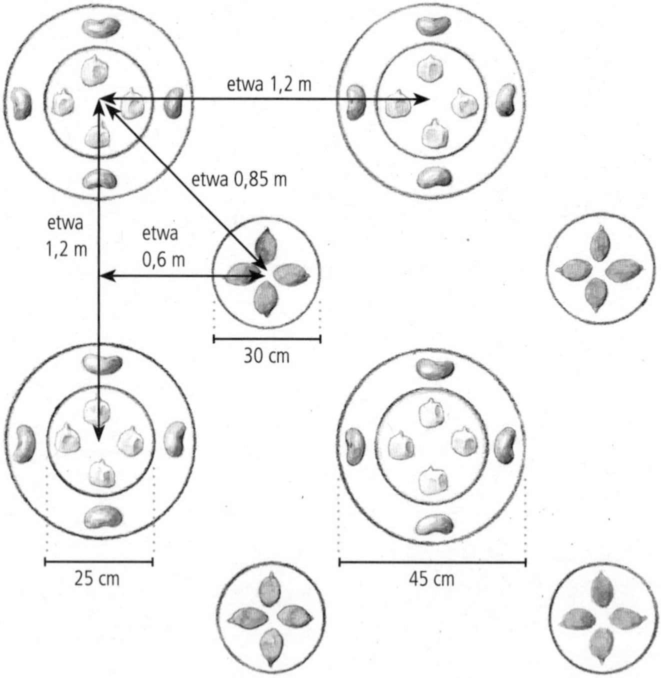

Das Wampanoag-Design ist für Gärten in Mitteleuropa am besten geeignet.

Tipp Hügel sind kein Muss in diesem Design. An ihrer Stelle kann man auch einfache Kreise anlegen. Die Maße der Kreise und die Abstände zueinander sind dieselben wie bei der Hügel-Kultur. Es ist nicht zwingend notwendig, Mulden in der Mitte der Kreise zu formen.

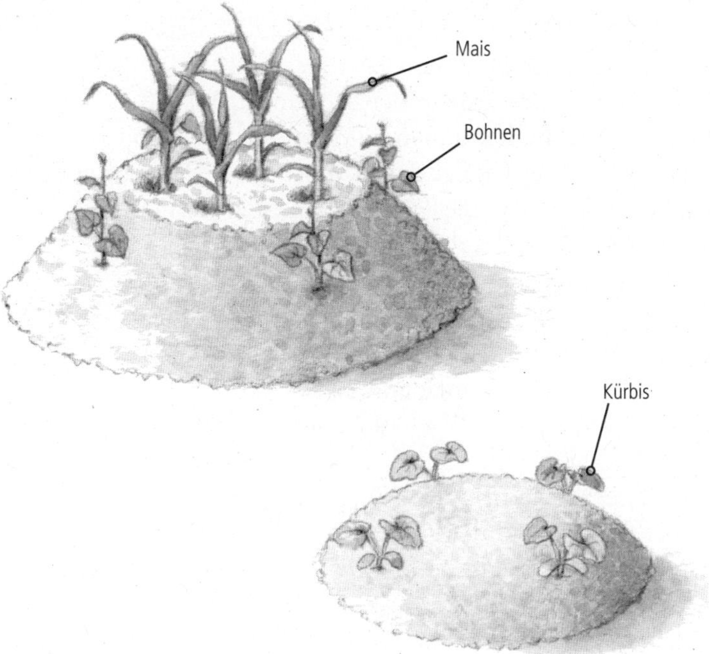

Der Boden in den Hügeln erwärmt sich im Frühjahr schneller und hilft den Pflanzen gut zu wachsen.

► **Übrigens:** Die Wampanoag sind ein Stamm nordamerikanischer Ureinwohner. Bekannt wurden sie durch ihren Häuptling Squamato, der mit seinen Leuten die frühen europäischen Siedler vor dem Hungertod rettete. Sie brachten den Pilgervätern auch ihre Art des Mais-Anbaus (im Drei-Schwester-Stil) bei. Nur mit dieser Anbautechnik konnten die Siedler in den ersten Jahren im neuen Land überleben. Diese Begegnung ist einer der Ursprünge des nordamerikanischen Thanksgiving-Festes. Doch das ist eine andere Geschichte … ■

Mais und Bohnen werden gemeinsam auf niedrigen Hügeln angebaut, der Kürbis findet zwischen diesen Hügeln Platz. Die Hügelkultur hat den Vorteil, dass sich die Erde in den Hügeln im Frühling schneller erwärmt als auf einem flachen Beet. So können auch in rauerem Klima wärmeliebende Arten wie der Mais angebaut werden. Und wenn die nahe gelegenen Flüsse über die Ufer treten, stehen die Wurzeln nicht im Wasser. Die lockere Erde in den Hügeln begünstigt auch die Wurzelbildung und damit die Aufnahme von Nährstoffen und Wasser. Ein weiteres Plus: Die Hügel bestehen aus Mulchmaterial und Erde. So wird der Mais gleich mitgedüngt. Hierzulande ist solch eine Hügel- oder Damm-Kultur mit aufgeschütteten Beeten zum Beispiel bei Kartoffeln üblich.

Diese Hügel-Kultur ist in Regionen mit feuchtem Boden sehr zu empfehlen. Denn feuchter Boden erwärmt sich nur sehr schwer im Frühjahr und macht es Bohnen und Mais anfangs schwer.

Zunächst werden etwa 10 Zentimeter hohe, runde Hügel für Mais und Bohnen aufgeschüttet. An der Basis haben sie einen Durchmesser von 45 Zentimetern und verjüngen sich nach oben zu einer flachen Spitze mit 25 Zentimeter Durchmesser. Ihre Zentren sind jeweils 1,2 Meter voneinander entfernt. In die Hügelkuppen wird jeweils eine Mulde geformt, in der Gießwasser und Regenwasser länger stehen bleiben. Wenn die Hügel fertig sind, erinnern sie an kleine Mondkrater. Zwischen den Mais-Bohnen-Hügeln werden die Kürbis-Hügel angelegt, ebenfalls in einem Abstand von 1,2 Metern zueinander. Sie sind etwa 8 Zentimeter hoch und haben an der Basis einen Durchmesser von 30 Zentimetern. Legen Sie so viele Hügel an, wie Sie Platz eingeplant haben, aber mindestens auf einer Fläche von 3 mal 3 Metern. Das Muster lässt sich beliebig an den Seiten fortführen.

In jeden Mais-Bohnen-Hügel werden 4 (bis zu 7) Maispflanzen im Abstand von 15 Zentimetern in die Mulde der Hügelkuppe gesetzt. In den Hang werden 4 Bohnensamen jeweils gegenüberliegend gesät. In jeden Kürbis-Hügel werden 4 Samen im Abstand von 20 Zentimetern gesät.

Irokesisches Design

Kürbis umarmt Mais

Das irokesische Design, das nach dem Stamm der Irokesen benannt ist, ist eine Variation des Wampanoag-Designs. Der Kürbis wird hier nicht zwischen die Mais-Bohnen-Hügel gesetzt. Stattdessen werden in jeden siebenten Mais-Bohnen-Hügel zusätzlich Kürbissamen gesät.

Die Hügel oder Kreise werden wie beim Wampanoag-Design in einem Abstand von 1,2 Metern etwa 10 Zentimeter hoch aufgeschüttet. Sie haben einen Durchmesser von 45 Zentimetern an der Basis und 25 Zentimetern an der Spitze. Auf die Hügelkuppen werden jeweils 7 Maispflanzen im Abstand von 15 Zentimetern in eine Mulde gesetzt. An den Hang werden 4 Bohnensamen beziehungsweise an den siebenten Hügel 4 Kürbissamen und 2 Bohnensamen gesät.

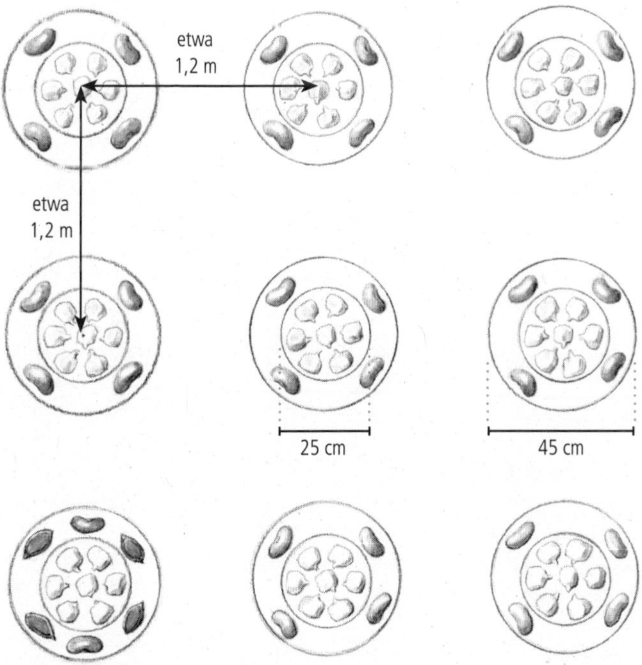

Im Irokesischen Design werden 7 Maispflanzen pro Kreis gesetzt. Sie stützen sich gegenseitig. An den siebenten Hügel (unten links) werden 4 Kürbissamen gesät.

Zuni-Design
Im Quadrat

Die Zuni zählen zu den nordamerikanischen Pueblo-Völkern im Südwesten der USA. Ihr Design ist an das trockene Klima angepasst und funktioniert überall dort, wo die Sommer trocken sind. Um die quadratischen Beete wird ein Mini-Graben ausgehoben und die Erde als kleiner Wall aufgeschüttet. Es entsteht ein feuchtigkeitshaltendes Mikroklima: Das knappe Wasser wird im Boden gespeichert und die Wurzeln können in tiefere Bodenschichten vordringen. Jeder Wall umschließt

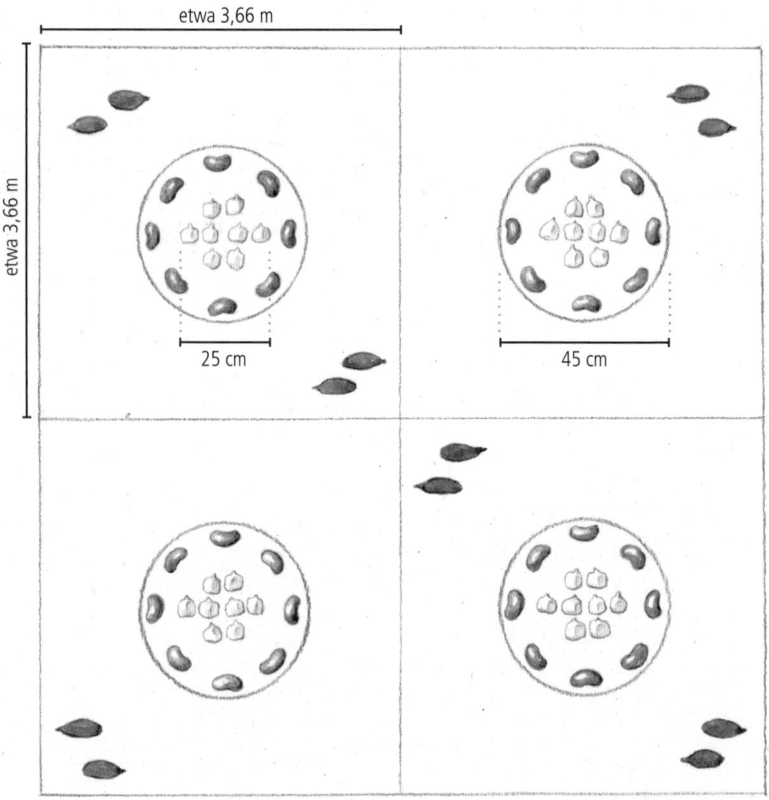

Um die Pflanzquadrate werden kleine Wälle aufgeschüttet, sodass ein luftfeuchtes Mikroklima entsteht.

ein Quadrat von knapp 3,5 mal 3,5 Meter Fläche. Vier Quadrate ergeben einen Block. In jedem Quadrat befindet sich ein Mais-Bohnen-Kreis mit dem äußeren Durchmesser von 45 Zentimetern. In diesem wird ein weiterer Kreis mit einem Durchmesser von 25 Zentimetern angelegt. Diese Mais-Bohnen-Kreise ähneln den Mais-Bohnen-Hügeln im Wampanoag-Design. Nur werden hier bis zu 8 Maispflanzen in den inneren Kreis gesetzt und 8 Bohnensamen in den äußeren Kreis gesät. In einem Block aus vier Quadraten werden an den vier Ecken je 2 Kürbissamen und im Zentrum 4 Kürbissamen gesät.

Maya-Design

Alles in einem

In Zentralamerika pflanzt man alle drei Gemüse in einen Hügel. Die Hügel werden nach Wampanoag-Art mit jeweils einer Mulde auf der Hügelkuppe angelegt. In die Mitte der Mulde werden 3 Maispflanzen gesetzt. Um sie herum, noch immer in der Mulde, legt man 1 bis 2 Bohnensamen. Am Hang des Hügels wird 1 Kürbissamen gesät. Die Hügel haben einen Abstand untereinander von 1,5 bis 2 Meter.

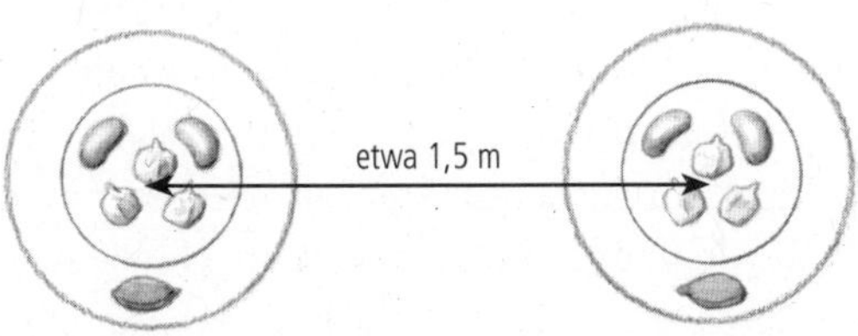

Die Maya pflanzten Mais, Bohnen und Kürbis gemeinsam in einem einzigen Kreis an.

Hidatsa-Design

Kürbis rahmt Mais und Bohnen ein

Das Hidatsa-Design hat sich vor allem entlang der Überschwemmungsebene des Missouri im heutigen North Dakota durchgesetzt, wo die Hidatsa, ein nordamerikanischer Indianerstamm, leben. Bei diesem recht aufwendigen Design bekommt jede Art ihren eigenen Hügel. Die Hügel für Mais und Bohnen werden parallel versetzt in Reihen aufgeschüttet. Im Osten, Westen und Süden wird das Mais-Bohnen-Beet von Kürbissen eingerahmt. Auf der Nordseite werden meist Sonnenblumen angebaut. Ein komplettes Hidatsa-Beet besteht aus 3 Reihen mit je 4 Mais-Hügeln, 2 Reihen mit je 3 Bohnen-Hügeln und 9 Kürbis-Hügeln. Es misst etwa 4,8 Meter in der Länge und etwa 3,2 Meter in der Breite. Möchte man mehrere Beete nebeneinander anlegen, kann ein seitlicher Kürbisrahmen für beide Felder genutzt werden. Das heißt, man legt neben der letzten »senkrechten« Kürbisreihe wieder Mais-Hügel und Bohnen-Hügel an.

Die Mais-Hügel werden nach Wampanoag-Art angelegt: 10 Zentimeter hoch, 45 Zentimeter Durchmesser an der Basis und 25 Zentimeter an der Hügelkuppe mit einem Abstand zwischen den Hügelzentren von 1,2 Metern. In die Kuppe werden jeweils 8 Maispflanzen in eine Mulde gesetzt. Für die Bohnen werden ovale, 10 Zentimeter hohe Hügel mit den Maßen 18 mal 36 Zentimeter an der Basis aufgeschüttet. An den Hang auf der Südseite werden 6 Bohnensamen, jeweils 3 an den beiden Seiten des Hangs, gesät. Die ebenfalls ovalen, 10 Zentimeter hohen Kürbis-Hügel mit 38 Zentimeter Durchmesser an der breitesten Stelle der Basis werden auf Höhe der Bohnen-Hügel aufgeschüttet. Es werden 4 Kürbissamen an die lange Seite gesät zu je 2 Stück. Die beiden Saatstellen liegen etwa 30 Zentimeter auseinander.

Tipp Auch beim Hidatsa-Design können anstelle der Hügel einfache Kreise angelegt werden.

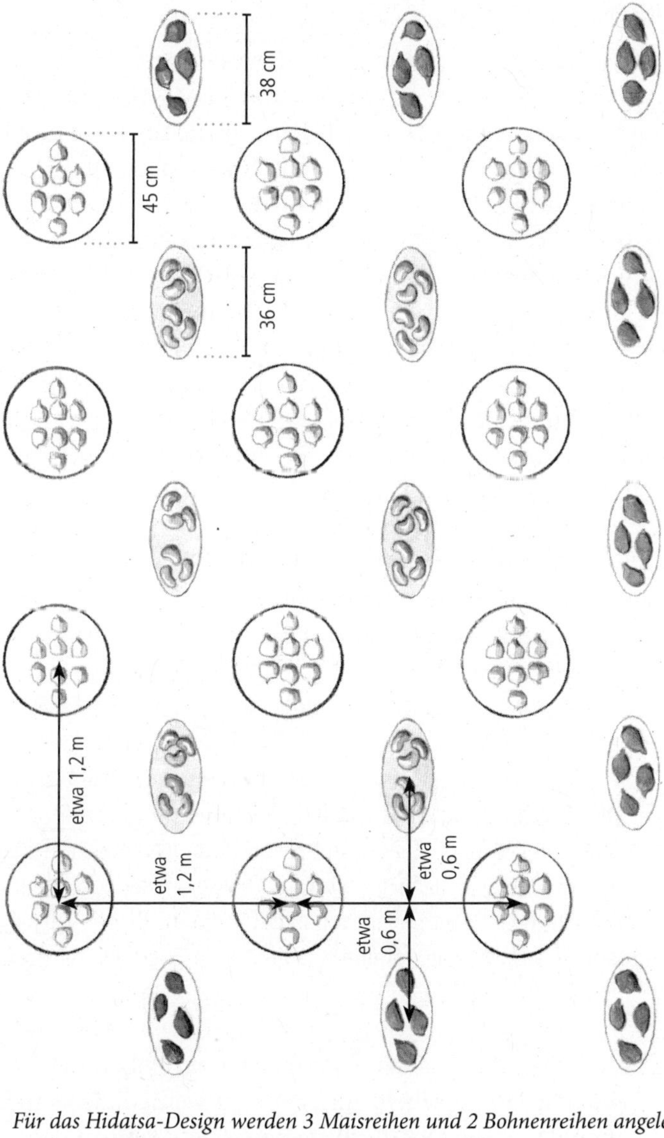

Für das Hidatsa-Design werden 3 Maisreihen und 2 Bohnenreihen angelegt. An drei Seiten wird das Beet von Kürbispflanzen gesäumt.

Pflege fürs Drei-Schwester-Beet

Den Boden vorbereiten

Ist die Wahl auf einen Anbauplan gefallen, wird das Beet sorgfältig vorbereitet. Die Drei Schwestern bleiben schließlich viele Jahre (theoretisch unendlich lange) auf derselben Fläche, solange es keine Probleme mit bodenübertragbaren Krankheiten und Schädlingen gibt. Das Beet soll sich mehr oder weniger selbst erhalten. Wenn es die Zeit erlaubt, wird bereits im Herbst des Vorjahres frischer Rindermist oder Pferdemist (auch Schafsmist ist möglich) auf dem Beet verteilt. Für 1 Quadratmeter Fläche rechnet man mit 3 Kilogramm Mist. Er rottet dort über den Winter an und wird im Frühjahr leicht eingearbeitet. Alternativ kann im Spätsommer des Vorjahres auch eine winterfeste Gründüngung aus Winterwicke und Winterroggen ausgebracht und im Frühjahr abgemäht und eingearbeitet werden. Das lockert den Boden und reichert ihn mit Nährstoffen an, die vor allem die beiden Starkzehrer Mais und Kürbis benötigen. Ist bereits Frühling und konnten weder Mist noch Gründüngung im Vorjahr ausgebracht werden, gibt man jeweils eine Schaufel reifen Kompost oder kompostierten Mist in die Hügel für Mais und Kürbis und darüber etwas Erde.

Tipp Vorsicht bei Pferdemist: In den letzten Jahren häufen sich Herbizidschäden an Pflanzen, die mit Pferdemist gedüngt wurden. Die Pflanzen haben extrem schmale Blätter und lange Triebe. Schuld ist das Herbizid Simplex, mit dem Pferdeweiden behandelt werden dürfen. Die Pferde nehmen das Herbizid unbeschadet mit der Nahrung auf und scheiden es unverändert wieder aus, denn es wird im Pferdeverdauungssystem nicht abgebaut. Mist von solchermaßen behandelten Pferdeweiden ist nicht als Dünger geeignet. Fragen Sie darum unbedingt beim Pferdehalter nach, wie die Weiden behandelt werden!

Der Boden sollte vor der Aussaat nicht mehr umgegraben werden, das stört zum einen das Bodenleben, zum anderen werden die Samen einjähriger Unkräuter an die Oberfläche geholt. Diese keimen dann zahlreich und machen Ihnen einfach mehr Arbeit. Es reicht aus, den Boden vor der Aussaat mit einem Sauzahn oder Kultivator zu lockern. Entfernen Sie dabei gründlich bereits vorhandenes Unkraut. Vor allem die mehrjährigen Unkräuter wie Quecke, Ackerwinde und Giersch verdienen höchste Aufmerksamkeit, denn sie können sich mit unterirdischen Ausläufern schnell wieder ausbreiten. Abschließend werden noch große Erdbrocken mit einer Harke zerkrümelt und die Beetoberfläche eingeebnet.

Tipp Schwerer, lehmiger Boden lässt sich nur schwer mit dem Sauzahn bearbeiten. Graben Sie ihn im Herbst des Vorjahres um. Der Frost zersprengt die Bodenplatten und macht den Boden krümelig. Wird der Boden dann laufend gemulcht, wird das Bodenleben aktiviert und der Boden bleibt locker, sodass er nicht mehr umgegraben werden muss.

Ist alles gut vorbereitet, werden die Pflanzstellen nach den Anbauplänen vorbereitet. Verwenden Sie zum Aufschütten der niedrigen Hugel auch die Pflanzenreste vom Beet, zum Beispiel der Gründüngungspflanzen oder im zweiten Jahr die von Kürbis, Mais und Bohnen. Diese kompostieren im Hügel und geben Nährstoffe an die Pflanzen ab.

Düngen

Nachdem im ersten Jahr während der Bodenvorbereitung eine Startdüngung mit Mist, Gründüngung oder Kompost gegeben wurde, kommt ein traditionelles Drei-Schwester-Beet ab dem zweiten Jahr fast ohne zusätzliche Düngung aus. Dafür werden alle Pflanzenrückstände und auch die Unkräuter als Mulch auf dem Beet belassen. Vor allem die Bohnen reichern viel Stickstoff in ihren Blättern und Wurzeln an. Ob das genügend Nährstoffe, vor allem Stickstoff, im Boden zurücklässt oder ob nachgedüngt werden muss, lässt sich mit einer Stickstoffbilanz berechnen (siehe Seite 141). Die Anteile von Magnesium, Kalium und Phosphat können Sie von einem Bodenlabor analysieren lassen. Wie man Bodenproben für die Laboruntersuchung entnimmt, lesen Sie auf Seite 140. Im Handel erhältliche Schnelltests sind noch zu ungenau.

Ganz ohne zusätzliche Sommerdüngung kommen die Starkzehrer Mais und Kürbis in den ersten Jahren meist nicht aus. Sobald sich im Sommer Stickstoffmangelsymptome wie grüngelbe bis gelbe Blätter zeigen, wird mit einem stickstoffreichen Flüssigdünger nachgesteuert, zum Beispiel mit einem handelsüblichen organischen Volldünger oder einer Jauche aus stickstoffreichen Brennnesseln oder Beinwell (Rezepte siehe Seite 137 und 138). Geben Sie den Dünger direkt in den Wurzelbereich (bei Kürbis am besten die Pflanzstelle mit einem Stab markieren). Seinen höchsten Stickstoffbedarf hat der Mais zur Zeit der Blüte, der Kürbis während der Hauptwachstumszeit im Sommer.

Tipp Sie können den Stickstoffbedarf im Sommer auch über stickstoffreichen Mulch decken, etwa Blätter von Brennnesseln, Beinwell oder Klee. Geben Sie ab Juli bis zu dreimal diesen wertvollen Mulch.

Gießen

Im Frühling zur Pflanz- und Aussaatzeit sollte auf gleichbleibende Bodenfeuchtigkeit geachtet werden. Nur so wachsen die Setzlinge gut an und die Samen können ohne Probleme keimen. Haben sich die Pflanzen erst einmal etabliert, ist eine zusätzliche Bewässerung nur bei lang anhaltender Trockenheit notwendig, vor allem während Blüte und Fruchtansatz aller drei Gemüsearten.

Junger Mais wächst anfangs recht langsam und sollte besonders im Frühling ausreichend gegossen werden.

Stickstoffmenge berechnen

Stickstoff ist einer der wichtigsten Pflanzennährstoffe. Oft wird er ohne viel nachzudenken in Form von Kompost, Mist, Jauche, Hornspänen oder organischen Volldüngern aufs Beet gegeben. Manchmal auch alles auf einmal. Das ist viel zu viel und der Stickstoff wird ungenutzt ausgewaschen. Doch wie düngt man richtig? Man unterscheidet zwischen dem Nährstoffbedarf der Pflanze und dem eigentlichen Düngebedarf, der die im Boden vorhandenen Nährstoffe berücksichtigt. Für diese Werte gibt es Kennzahlen, die in Tabellen im Anhang zusammengestellt sind (siehe ab Seite 143). An dieser Stelle gibt es der Einfachheit halber nur die Formel zur Schätzung des Düngebedarfs an Stickstoff mit einigen Faustzahlen. Der Stickstoff wird mit seiner Abkürzung N dargestellt.

So schätzt man den Stickstoffbedarf:

	entspricht:
N-Bedarf der Pflanze	Wert aus Tabelle
– N-Gehalt des Bodens zu Kulturbeginn	– Nitratschnelltest
– N-Nachlieferung aus dem Boden während der Kultur	– Humusgehalt, geschätzt oder gemessen
= Düngebedarf	= N-Menge, umgerechnet in Dünger

So sieht das am Beispiel von Zuckermais aus: Er benötigt für optimales Wachstum 16 g Stickstoff pro Quadratmeter. Davon werden der gemessene Stickstoffgehalt zu Kulturbeginn und die geschätzte Stickstoffnachlieferung abgezogen. Nach der Formel fehlen noch 4 g Stickstoff pro Quadratmeter, die über eine Düngung nachgeliefert werden müssen:

16 g N/m^2
– 5 g N/m^2
– 7 g N/m^2, bei Kultur Anfang Mai bis Mitte August, Wochen summiert
= 4 g N/m^2

Noch nicht berücksichtigt sind Bodenverbesserungsmaßnahmen wie Kompost und auf dem Beet verbliebene Pflanzenrückstände, die ebenfalls Stickstoff nachliefern. Bleiben alle Pflanzenrückstände auf dem Beet zurück, werden vereinfacht 1,5 g N/m^2 vom Düngebedarf abgezogen. Werden zusätzlich Kompost oder Mist gegeben, werden sie ebenfalls berücksichtigt mit 2 g N/m^2 (bei 3 Liter Kompost/m^2) oder mit 6 g N/m^2 (bei 3 kg Rindermist/m^2). Als Ergebnis einer solchen Rechnung kann durchaus herauskommen, dass eine weitere Stickstoffdüngung nicht notwendig ist.

Mulchen

In der Natur gibt es kaum unbedeckte Böden. Es liegt immer eine Schicht verrottender Pflanzenteile auf dem Boden. Im Permakulturgarten schaut man sich das ab und legt zwischen den Reihen oder zwischen den Gemüsepflanzen Mulchmaterial aus. Mit einer solchen Mulchdecke trocknet der Boden nicht so schnell aus, und es muss weniger gegossen werden. Das ist vor allem im Sommer ein nicht zu unterschätzender Vorteil. Unkrautaufwuchs wird unterdrückt und der Boden wird vor Abschwemmung geschützt. In einem regelmäßig gemulchten Boden findet sich bald reges Bodenleben ein, sichtbarstes Zeichen dafür sind Regenwürmer. Je nach Mulchmaterial werden dem Boden sogar Nährstoffe zugeführt, wenn der Mulch von Mikroorganismen und Bodentieren abgebaut wird. Da Mulch schnell zusammenschrumpft, erneuert man ihn regelmäßig. Erde und Mulch können um Bohnen und Mais leicht angehäufelt werden. Das mögen die beiden und sie bilden zusätzliche Versorgungswurzeln aus.

Mulch darf jedoch nicht zu hoch aufgeschichtet werden, 2 Zentimeter reichen aus. Eine dickere Schicht verrottet schlecht und fängt an zu schimmeln. Legen Sie besser weniger, dafür öfter Mulch aus. Leider mögen auch Schnecken die Mulchdecke und verstecken sich unter ihr.

Welche Mulchmaterialien eignen sich für den Gemüsegarten?

- **Frischer Rasenschnitt** wird schnell abgebaut und bringt Stickstoff, darf aber nur sehr dünn, 2 bis 3 Millimeter hoch, aufgebracht werden.
- **Pflanzenreste** oder **Erntereste** wie Bohnenblätter, Bohnenhülsen, eingekürzte Kürbisranken, die Reste der Maiskolben und andere Pflanzenrückstände kommen zerkleinert wieder aufs Beet, aber nur, wenn sie keine Anzeichen von Pflanzenkrankheiten zeigen. Sie werden abgebaut und die Nährstoffe in den Boden zurückgeführt.
- **Unkräuter** kommen zerkleinert und von der Wurzel getrennt aufs Beet. Vorsicht bei Unkräutern, die bereits Samen tragen, und bei Wurzeln von Wurzelunkräutern wie Giersch und Quecke.

- **Beinwellblätter** und **Brennnesselblätter** werden schnell abgebaut und bringen Stickstoff. Bei Starkzehrern können sie als Ersatz für die Flüssigdüngung im Sommer genommen werden.
- **Schnitt von Klee** und **anderen Leguminosen** wird schnell abgebaut und bringt viel Stickstoff ins Beet. Er kann anstelle einer Flüssigdüngung im Sommer genommen werden.
- **Pappe** und **Zeitungspapier** decken den Boden ab und unterdrücken hartnäckige Wurzelunkräuter.
- **Stroh** belüftet den Boden. Unter die Kürbisfrüchte gelegt, bleiben sie trocken und faulen nicht. Für den Abbau von Stroh benötigen die Bodenorganismen jedoch erst einmal Stickstoff, der den Gemüsekulturen entzogen wird. Daher bei Mangelsymptomen zusätzlich Stickstoff geben.
- **Laub vom Heckenschnitt** oder **Herbstlaub** decken den Boden gut ab, vor allem im Winter. Blätter von Immergrünen verrotten nur sehr langsam und sollten nicht ins Gemüsebeet gegeben werden.

Die Fruchtfolge

Auch wenn sich die drei Gemüsearten untereinander gut verstehen, kann es doch Fruchtfolgeprobleme bei Kürbis und Bohnen geben. Diese beiden mögen es nicht, wenn sie jedes Jahr auf derselben Stelle angebaut werden. Dem Mais macht das nicht viel aus, solange keine bodenbürtigen Pflanzenkrankheiten auftreten. Baut man die drei Gemüse getrennt an, wechselt man einfach das Beet. Das könnte man auch mit dem Drei-Schwester-Beet machen und einfach ein Beet weiterrücken, nur entgeht einem dann der einzigartige Kreislauf. Ein traditionelles Drei-Schwester-Beet bleibt mehrere Jahre auf einer Stelle.

Sie können die Pflanzstellen von Mais, Bohnen und Kürbis innerhalb des Beetes rotieren lassen, indem Sie den Pflanzplan verschieben. Im Wampanoag-Design könnten die Mais-Bohnen-Kreise und Kürbis-Kreise zum Beispiel einen halben Meter nach rechts beziehungsweise eine Reihe nach vorne rücken und so weiter. Wachsen Bohnen und Kürbisse trotz Rotation schlechter als in den Vorjahren, sollte das Drei-Schwester-Beet an einen neuen Platz rutschen.

Das Drei-Schwester-Beet im Jahresverlauf

Im Mai

Im Mai beginnen die Arbeiten am Drei-Schwester-Beet: Der Wintermulch wird abgenommen oder eingearbeitet, der Boden vorbereitet und die Pflanzstellen für Mais, Bohnen und Kürbis werden markiert. Der Zuckermais wartet schon auf der Fensterbank, wo er Mitte April ausgesät wurde. Die Jungpflanzen sollten erst Mitte Mai, wenn die letzten Spätfröste durch sind, ins Beet gesetzt werden. Etwa 2 Wochen später folgen die Kürbisse und die Bohnen. Bis dahin hat sich der Mais schon eingelebt und die Belagerung durch Kürbis und Bohnen macht ihm weniger aus. Jäten Sie anfangs regelmäßig Unkraut.

Im Juni

Der Mais ist tüchtig gewachsen. Und auch Bohnen- und Kürbispflanzen legen bei warmem Wetter schnell an Blattmasse zu. Bis die Kürbisblätter den Boden bedecken, wird mit halb verrottetem Kompost, Rasenschnitt, Laub oder einem anderen Material gemulcht. Das unterdrückt die Unkrautbildung und hält die Feuchtigkeit im Boden, wärmt den Boden und düngt ein bisschen.

Im Juli

Bald ranken die Bohnen an den Maisstängeln empor. Zunächst brauchen sie noch etwas Unterstützung, deshalb werden sie an die Maisstängel gelegt. Danach wachsen sie allein am Mais weiter. Der Mais nimmt die windempfindlichen Bohnen in Schutz, denn bei Wind können Blätter, Blüten und Hülsen leicht brechen. Der Kürbis entwickelt sich im Sommer prächtig und bildet fast so etwas wie einen Mini-Dschungel zu Füßen des Mais-Bohnen-Duos. Die Kürbisblätter bedecken den Boden vollständig und halten ihn feucht. Wenn Mais und Kürbis zu blühen beginnen, brauchen sie eventuell einen Nährstoffnachschub. Ab jetzt pflegt sich das Beet fast von allein.

Mai

- *Boden feucht halten*
- *Unkraut jäten*

Juni

- *mulchen*

Juli

- *Bohnen hochbinden*
- *bei Trockenheit gießen*
- *Kürbis und Mais düngen*

Ab jetzt pflegt sich das Beet allein.

August

- *erste Ernte bei Mais und Bohnen*
- *Kürbisranken einkürzen*

Bis August hat sich das Drei-Schwester-Beet etabliert und braucht kaum noch die Aufmerksamkeit des Gärtners.

Im August

Manchmal schickt der Kürbis seine Triebe am Mais empor. Sie werden einfach wieder auf den Boden zurückgelegt, denn mit ihrem Gewicht würden sie den Mais sonst umreißen. Scheuen Sie sich auch nicht, die langen Kürbisranken rigoros einzukürzen, wenn sie das Beet verlassen. Das macht dem Kürbis nichts aus. In manchen Jahren tragen die Bohnen so viel Laub und Früchte, dass sie dem Mais zu schwer werden. Dann kann der Mais entweder mit einer Stange gestützt oder den Bohnen eine zusätzliche Rankhilfe angeboten werden. Die ersten grünen Bohnen und Maiskolben können geerntet werden.

September

- *Mais und Bohnen ernten*
- *Bretter oder Stroh unter die Kürbisse legen*

Oktober

- *Kürbis ernten*

November

- *Bohnensamen ernten*
- *Kürbisse vor den ersten Nachtfrösten einlagern*

Dezember

- *gesunde Pflanzenreste bleiben als Mulch auf dem Beet*

Ab September liefern die Drei Schwestern reichlich Ernteprodukte: Maiskolben, grüne Bohnen, Bohnensamen und Kürbisfrüchte.

Im September

Legen Sie unter die sich entwickelnden Kürbisse Stroh oder Holzbretter. So liegen sie nicht auf dem feuchten Boden und bleiben gesund. Zuckermais und Bohnen werden weiter regelmäßig geerntet. Ein paar Kolben und Bohnenhülsen lässt man für die Ernte der trockenen Samen und für die Saatgutgewinnung an den Pflanzen. Auch wenn der Zuckermais abgeerntet ist, bleibt er auf dem Beet. Denn an seinen Stängeln ranken noch die Bohnen.

Im Oktober

Das Wachstum der Bohnen lässt allmählich nach. Die Kürbisblätter werden gelb und tragen deutliche Spuren des Echten Mehltaus. Die einst dichte Mulchdecke aus Kürbisblättern wird lückig. Grüne Bohnen werden weiterhin gepflückt und auch die ersten Kürbisse sind groß genug, um sie ernten. Nicht alle, ein paar der leuchtend orangefarbenen Früchte bleiben erst einmal dekorativ im Beet liegen.

Im November

Wenn sich die Saison dem Ende zuneigt, werden die letzten grünen Bohnen geerntet. Die trockenen Bohnenhülsen für die Saatgutgewinnung und die Maiskolben lässt man nachtrocknen. Die Kürbisse dürfen noch bis zu den ersten Nachtfrösten auf dem Beet bleiben und nachreifen.

Im Dezember

Alle gesunden Pflanzenreste bleiben als Mulch auf dem Beet. Diese Mulchdecke schützt die Bodenorganismen im Winter und durch die langsame Verrottung werden Nährstoffe freigesetzt, die im kommenden Jahr zur Verfügung stehen. Wenn nicht genügend Pflanzenmaterial für eine geschlossene Mulchdecke vorhanden ist, kann auch noch Falllaub aus dem Garten auf dem Beet verteilt werden.

Variationen der Drei Schwestern

Zwei Schwestern: Bohnen und Mais

Im Feldanbau werden die Drei Schwestern häufig auf die ertragreichen Zwei Schwestern Mais und Bohnen reduziert. Auf den Kürbis zwischen den Reihen verzichtet man, denn er macht die Felder schlecht begehbar. Auch im Garten können Sie nur Zwei Schwestern anbauen. Dafür legen Sie nach einem der oben genannten Designs Ihre Beete an und lassen den Kürbis weg. Um den Boden dennoch gut zu bedecken, können Sie anstelle der Stangenbohnen die niedrigen Buschbohnen verwenden.

Drei Schwestern mit anderen Gemüsearten

In einer traditionellen Milpa (siehe Seite 29) wachsen nicht nur Mais, Bohnen und Kürbis. Die Lücken werden mit anderen Gemüsearten aufgefüllt, zum Beispiel mit Chili, Paprika und Gänsefuß. Über 20 verschiedene Arten könnten so in einem Beet wachsen. Zudem wachsen viele Wildkräuter in den Milpas, die entweder als Blattgemüse geerntet oder als Mulch verwendet werden.

Beobachten Sie Ihre Drei Schwestern für zwei, drei Jahre. Wie wachsen Mais, Bohnen und Kürbis? Wie viel Platz lassen sie anfangs für andere Gemüsearten? Der Kürbis ist hier der limitierende Faktor, denn im Sommer bedeckt er den ganzen Boden eines Drei-Schwester-Beetes und lässt keinen Platz mehr für andere Gemüse. Im Frühjahr, wenn die Drei Schwestern angelegt werden, ist jedoch noch ausreichend Raum, um Salate, Radieschen, Kohlrabi, Zuckererbsen und andere schnell wachsende Gemüse anzubauen. Möchten Sie auch Sommergemüse wie Tomaten und Paprika in die Drei Schwestern integrieren, können Sie mehr Raum zwischen den Hügeln lassen oder einen schwach wachsenden, kleinfruchtigen Kürbis wählen. Ergänzen Sie andere Gemüsearten Jahr um Jahr und beobachten Sie, ob die Mischkultur funktioniert.

Gibt es andere Mischkultursysteme wie die Drei Schwestern?

Nein, eine andere ebenso ausgefeilte, über Jahrtausende bewährte Mischkultur wie die aus Mais, Bohnen und Kürbis gibt es leider nicht. Doch man kann sich an den Dreien ein Beispiel nehmen und experimentieren. Im Kapitel »Gemeinsam stark« (siehe Seite 13) habe ich gezeigt, warum diese drei Gemüsearten so gut miteinander auskommen. Sie besetzen unterschiedliche Nischen auf dem Beet und treten nicht in direkte Konkurrenz zueinander. Ein Mischkultursystem basierend auf den Drei Schwestern müsste also aus einem hohen Gemüse oder Getreide anstelle des Maises, einem Bodendecker wie dem Kürbis und einer anspruchslosen Leguminose bestehen. Wer Lust am Ausprobieren hat, nimmt sich die Drei Schwestern als Basis und tauscht ein Gemüse gegen ein ähnliches aus – und beobachtet und passt an. Am einfachsten ist es, zunächst die Leguminose zu wechseln, beispielsweise anstelle der Bohnen Erbsen zu verwenden. In den folgenden Kapiteln mit den Einzelporträts werden auch jeweils Alternativen für die Schwestern aus derselben Pflanzenfamilie vorgestellt.

Drei Schwestern auf Balkon und Terrasse

Auch in einem großen Kübel kann man die Mischkultur aus Mais, Bohnen und Kürbis ausprobieren. Der Kübel sollte einen Durchmesser von mindestens 60 Zentimetern haben. Besondere, klein bleibende Sorten kommen gut mit den beengten Platzverhältnissen im Topf klar. Eine kompakte Kürbissorte mit kleinen Früchten ist zum Beispiel 'Sunburst'. Niedrige, nur etwa 50 Zentimeter hoch werdende Maissorten sind zum Beispiel 'Yucon Chief', 'Orchard Baby' oder 'Jade Blue'. Damit die kleineren Maispflanzen nicht umgerissen werden, sind halbhohe Reiserbohnen wie 'Gelbe Reiserbohne' oder Buschbohnen Alternativen zu den Stangenbohnen. Oder Sie geben den Stangenbohnen eine Kletterhilfe. So liegt das Bohnengewicht nicht allein auf den Maispflanzen.

Das Pflanz-Design ist der Symmetrie eines runden Kübels geschuldet und unterscheidet sich von den traditionellen Anbauplänen. In die Mitte des Topfes wird eine Kürbispflanze gesetzt. Um sie herum werden 5 Maissetzlinge in gleichmäßigem Abstand gepflanzt. Neben jede Maispflanze werden je 2 Bohnensamen in die Erde gesteckt. Die Bohnen können auch schon vorgezogen werden. Der Topf wird regelmäßig gut gewässert und alle 14 Tage gedüngt, sobald der Mais blüht.

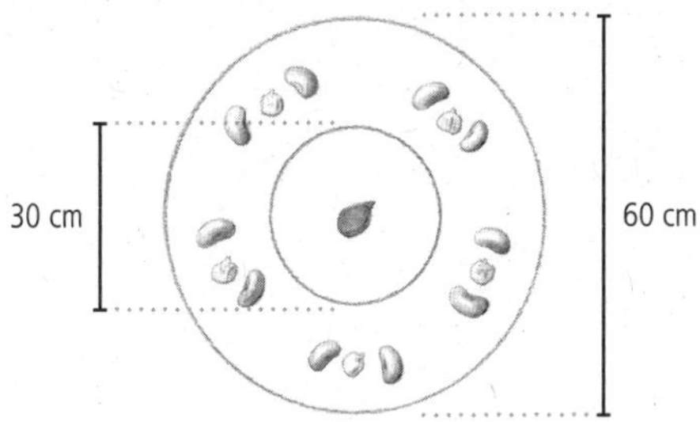

Die Drei Schwestern im Topf: Der Kürbis wird im Zentrum gepflanzt, der Mais um ihn herum.

»Die älteste Schwester hatte einen blassgrünen Schal
um die Schultern geschlungen und ihr langes,
blondes Haar wehte in der leichten Brise um ihren Kopf.«

Die erste Schwester
Der Mais

Sorten für Drei Schwestern

Die optimale Maissorte für die Drei Schwestern hat einen dicken, standfesten, etwa 2 Meter hohen und höheren Stängel. Nur so kann sie das Gewicht der Bohnenranken halten. Sie haben die Wahl zwischen Zuckermais und Gemüsemais, die beide unreif geerntet werden, und Trockenmais und Popcornmais. Die beiden Letzteren sollten früh reifend sein, damit die Maiskörner vor Saisonende ausgereift und trocken sind. Gemüsemais wird der Mais genannt, wenn man die Maiskörner milchreif erntet. Sie sind dann auch leicht süß, werden aber mit zunehmender Reife mehlig. Der Zuckermais ist eine besondere Form des Gemüsemaises, die richtig süß schmeckt.

Kurzer Steckbrief für Mais *(Zea mays)*

- Standort: vollsonnig, nährstoffreicher Boden, pH-Wert 6 – 7
- Aussaat: von Anfang Mai bis Juli direkt ins Beet, Vorkultur Mitte bis Ende April
- Pflanzenabstand in Reinkultur: 30 – 40 cm
- Reihenabstand in Reinkultur: 80 – 100 cm
- Pflege: Unkraut jäten, im Juni anhäufeln
- Düngen: Starkzehrer, Stickstoffdüngung in drei Gaben
- Gießen: vor allem während der Kolbenbildung
- Ernte: Zuckermais ab August, Trockenmais ab Oktober
- Pflanzenschutz: Schnecken bei Jungpflanzen, Vögel bei reifenden Kolben, Mäuse

► **Gut zu wissen:** Zuckermais ist eine natürliche Mutation eines Trockenmaises, die bereits 1779 in Maisfeldern der Indianer in Massachusetts auftrat. Vermutlich gibt es ihn aber schon länger. Die Mutation des rezessiven Gens »su« bewirkt, dass der Zucker im Zuckermais viel langsamer als bei anderen Maisvarietäten in den Reservestoff Stärke umgewandelt wird. Dadurch enthält das milchreife Korn mehr Zucker (in Form von Saccharose, Glucose und Fructose) als beispielsweise milchreifer Trockenmais. Das unreife Korn bleibt lange süß. Der Nachteil: Wenn Zuckermais reif und trocken ist, schrumpft sein Korn. Das vom Trockenmais bleibt dagegen glatt. ■

Mischen Sie auf Ihrem Drei-Schwester-Beet Zuckermais-Sorten unterschiedlicher Erntezeiten, zum Beispiel die drei extra süßen Sorten 'Damaun', 'Mezdi' und 'Tramunt'. So können Sie im Sommer mehrere Wochen lang Zuckermais ernten.

Kombinieren Sie den Zuckermais in ein und demselben Beet jedoch nicht mit Gemüsemais und Trockenmais. Der Zuckermais verliert sonst seine Süße – auch schon am Maiskolben. Denn Mais wird zwingend durch Wind und damit fremd bestäubt. Unter den verschiedenen Maissorten kommt es deshalb schnell zu Verkreuzungen. Das schmeckt man nicht nur bereits bei den diesjährigen Maiskörnern, sondern sieht es bei Sorten mit andersfarbigen Samen auch: Dann sitzen verschiedenfarbige Körner auf einem Kolben nebeneinander. Bei einigen Sorten ist dieser Farbmix sogar gewollt, zum Beispiel bei der Sorte 'Earth Tones'. Werden nur Zuckermais-Sorten angebaut, ist Fremdbestäubung nicht so dramatisch, denn die Süße bleibt erhalten. Zuckermais und Trockenmais zusammen geht jedoch nicht, denn dann kommt das Gen für den süßen Geschmack nicht zur Ausprägung und man erhält nur normal süßen Trockenmais.

Das kann auch passieren, wenn in der Nähe Futtermais angebaut wird, denn die Maispollen können kilometerweit fliegen. Gibt es Maisfelder in der Nähe Ihres Gartens, können Sie anstelle von Zuckermais eine Trockenmais-Sorte anpflanzen und sie unreif als Gemüsemais ernten. Die Verkreuzung mit dem Futtermais ist kein Problem. Die Maiskörner sind dann zwar nicht mehr ausgesprochen süßlich, aber weiterhin schmackhaft. Möchten Sie im Garten sowohl Zuckermais als auch Trockenmais anbauen, sollte der Abstand zwischen den beiden Kulturen 400 bis 500 Meter betragen, damit der Zuckermais seinen süßen Geschmack behält.

Ausgewählte Maissorten für Drei Schwestern

'Golden Bantam': Eine alte Zuckermaissorte, die 1902 auf den Markt kam. Bei uns ist sie von den Bantam-Aktionen gegen genveränderten Mais bekannt. Die Sorte wird etwa 74 Tage nach der Aussaat reif.

'Damaun': Das ist ein extra süßer Zuckermais, der 85 Tage nach der Aussaat geerntet werden kann.

'Mezdi': Ebenfalls ein extra süßer Zuckermais. Er wird nach 90 bis 100 Tagen geerntet.

'Tramunt': Dieser extra süße Zuckermais wird spät, nach 100 bis 105 Tagen erntereif.

'Black Aztek': Dieser früh bis mittelfrüh reifende Zuckermais hat bei Milchreife weiße und lilablaue Körner, die bei Trockenreife ein kräftiges Violettschwarz annehmen.

'Rainbow Inca': Dieser Zuckermais hat bunt gemischte, sehr süße Körner in Gelb, Rot und Blau. Die Pflanzen können sich stark verzweigen und deshalb mehr als zwei Kolben tragen.

'Pink Pop': Dieser Popcornmais hat rosafarbene bis pinkfarbene Körner.

'Ruby Red': Dieser Popcornmais hat tiefrote Körner.

'Bloody Butcher': Diese historische, mittelspät reifende Zahnmaissorte wurde 1845 eingeführt. Ihre Körner sind milchreif genauso süß wie Zuckermais. Die vollreifen, trockenen Körner sind dunkelrot und orange, »blutig« eben, und eignen sich für die Mehlherstellung.

'Oaxacan Green': Diese Zahnmaissorte hat leuchtend smaragdgrüne Körner, die unreif als Gemüsemais und trockenreif als Mehlmais geerntet werden. Das Mehl ist übrigens grün ... Die mittelspäte Sorte reift nach 75 bis 100 Tagen.

'Earth Tones': Ebenfalls eine Zahnmaissorte mit bunten Körnern in Blau, Rosa, Gelb, Orange und Grün.

Habitus einer Maispflanze *Kolben einer Maispflanze* *Pflanzengestalt von Mais*

Samen ernten

Die genannten Sorten sind samenfest und es können Samen von ihnen für die nächste Aussaat gesammelt werden. Diese Samen tragen weitestgehend dieselben Eigenschaften wie ihre Mutterpflanzen, wenn sie durch Befruchtung durch dieselbe Sorte entstanden sind.

Sortenreines Saatgut im Garten zu ernten, ist nur mit erhöhtem Aufwand möglich. Denn Mais wird durch Wind bestäubt und es kommt zur Fremdbestäubung mit anderen Sorten und somit zur Verkreuzung. Sortenrein muss das Saatgut für den Hausgarten jedoch nicht sein. Möchten Sie Samen für die kommende Saison ernten, bauen Sie am besten nur Zuckermais oder nur Trockenmais an, je nachdem, welcher Maisform Sie den Vorzug geben. Sie können aus diesen beiden Gruppen verschiedene Sorten auswählen und gemeinsam anbauen. Es kommt zwar zu Verkreuzungen, die Nachkommen behalten aber trotzdem ihre Grundeigenschaft »normal süß« oder »extrasüß«. Gibt es in der Nähe Ihres Gartens Maisfelder, lohnt der eigene Anbau von Saatgut nicht, denn die Verkreuzung mit dem Futtermais kann nur mit viel Aufwand ausgeschlossen werden.

Tipp Maissamen sind 2 bis 5 Jahre keimfähig.

Gibt es eine Alternative für Mais im Drei-Schwester-Beet?

Es gibt leider keine Alternative für Mais im Drei-Schwester-Beet, denn der Mais ist die Rankhilfe für die Bohnen. Verzichtet man auf ihn, sät man entweder Buschbohnen, die keine Rankhilfe benötigen, oder bietet den Stangenbohnen ein Klettergerüst aus Weidenruten oder Bambusstangen an, an denen sie emporklettern können.

Standort und Bodenvorbereitung

Als Pflanze der Tropen und Subtropen hat der Mais einen hohen Wärmebedarf und braucht einen vollsonnigen, warmen Standort. Der Boden sollte nährstoffreich und gut durchlässig sein, mit einem pH-Wert im Bereich 6 bis 7. Vor der Aussaat wird der Boden tiefgründig gelockert, von Unkraut befreit und mit Kompost aufgebessert. Im Herbst zuvor kann 3 kg Mist/m² (zum Beispiel von Schafen, Pferden oder Rindern) auf das Beet gegeben werden (siehe Seite 48). Mais ist ein Starkzehrer und braucht viele Nährstoffe, um gut zu wachsen und einen hohen Ertrag zu liefern.

Aussaat

Mais braucht in der Mischkultur mit Kürbis und Bohnen einen kleinen Wachstumsvorsprung, damit er sich später gegen die großen Kürbisblätter und die rankenden Bohnen durchsetzen kann. Deshalb wird er als Erster der drei gesät, am besten schon ab Mitte April auf der Fensterbank oder im Gewächshaus. Säen Sie in jedes Töpfchen 2 bis 3 Samen und lassen Sie den kräftigsten Sämling stehen. Mitte Mai werden die Jungpflanzen ins Beet gesetzt. Dann hat der Mais genügend Vorsprung, bis Kürbis und Bohnen ihn belagern. Und die Vorkultur hat noch einen Vorteil: Die Mäuschen stibitzen nicht die Samen aus dem Beet …

Sie können den Mais auch in der ersten Maihälfte direkt ins Beet säen. Mais verträgt zwar kurzzeitigen Spätfrost, trotzdem ist es in diesem Fall besser, die Beete mit Vlies abzudecken. Säen Sie Kürbis und

Vorgezogene Maispflanzen werden ab Mitte Mai als erstes ins Beet gesetzt.

Bohnen erst, wenn der Mais 10 bis 15 Zentimeter hoch ist. Dann ist er schon kräftig genug, seine beiden schneller wachsenden Nachbarn auszuhalten. Sonst wird er rasch überwachsen.

Pflege

Mais ist im Jugendstadium noch nicht konkurrenzfähig. Deshalb ist es in diesem Stadium wichtig, aufkommendes Unkraut regelmäßig zu jäten. Wenn die Pflanzen etwa 30 Zentimeter hoch sind, etwa ab Juni, werden sie mit Erde und Mulch angehäufelt. An den bodennahen Knoten des Stängels entstehen zusätzlich sprossbürtige Wurzeln, die den Mais mit Nährstoffen versorgen und ihn fest im Boden verankern. Der Boden wird mit Rasenschnitt, Laub oder Pflanzenresten gemulcht, bis die Kürbisblätter im Sommer den Boden bedecken. Das unterdrückt die Unkrautbildung, hält den Boden feucht, wärmt ihn und düngt sogar.

Steht der Mais auf leichten Sandböden, die weniger Wasser speichern als mittelschwere und schwere Böden, sollte öfter bewässert werden. Wenn sich die Maiskolben bilden, hat Mais einen hohen Wasserbedarf. Bei lang anhaltender, sommerlicher Trockenheit sollte dann unbedingt zusätzlich bewässert werden.

Düngen

Während ihrer Jugendentwicklung nehmen die Maispflanzen nur wenig Nährstoffe auf. Der Hauptbedarf setzt erst zur Blütezeit ein und steigert sich dann während der Kolbenbildung bis zur Ernte. Deshalb gibt man den Stickstoff über die Saison verteilt. Es gibt die Startdüngung aus Kompost, kompostiertem Mist oder Hornspänen zur Pflanzung, aber nur, wenn im Herbst kein Mist gegeben wurde. Im Sommer wird zur Blütezeit und während der Kolbenbildung noch zweimal Flüssigdünger direkt an die Wurzeln gegeben, zum Beispiel Beinwelljauche oder Brennnesseljauche (die Rezepte dafür gibt es ab Seite 137).

Ab dem zweiten Standjahr der Drei Schwestern ist keine Startdüngung mehr nötig, wenn alle Pflanzenrückstände im Beet bleiben und regelmäßig gemulcht wird. Dann reichen die Stickstoffvorräte im Boden für Mais und Kürbis meist aus. Den im Boden verfügbaren Stickstoff können Sie in der Stickstoffbilanz schätzen. Mehr dazu lesen Sie ab Seite 141.

Schädlinge und Krankheiten

Auf Mais spezialisierte Krankheiten und Schädlinge gibt es im Garten kaum. Nur in der Nähe von Maisfeldern kann es zu einem vermehrten Auftreten von Beulenbrand oder Mais-Zünsler kommen.

Mais-Beulenbrand

Bei Befall durch Mais-Beulenbrand, ein Pilz, bilden sich an allen oberirdischen Pflanzenteilen beulenartige Gallen, die mit dunklen Pilzsporen gefüllt sind. Die Sporen werden mit dem Wind auf gesunde Pflanzen getragen.

Auffällige Pflanzen sofort entfernen, nicht kompostieren und kein krankes Saatgut sammeln. Weil die Sporen im Boden überdauern, sollte eine Anbaupause von 4 Jahren eingehalten werden.

Mais-Zünsler

Ist die Pflanze vom Mais-Zünsler befallen, sind die männlichen Blütenstände abgeknickt oder abgebrochen. Im Stängelmark, im Kolben und an den Körnern fressen die Larven des unscheinbaren Schmetterlings. Die Larven überwintern in einem Gespinst in der Basis des Maisstängels. Erwachsene Falter erscheinen im Juni und Juli und legen ihre rundlichen, zunächst weißen, später braunen Eier in Gelegen bis zu 50 Stück an den Unterseiten der Blätter ab.

Auf Eigelege und Bohrlöcher achten und kranke Pflanzen entfernen. Keine Maisstängel auf dem Feld lassen. Gegen die Larven sollte mit einem Bacillus-thuringiensis-Präparat oder Trichogramma-Schlupfwespen vorgegangen werden, wenn mehr als 2 Eigelege pro 50 Pflanzen festgestellt werden.

Feldmäuse und Erdmäuse

Die kleinen Nager stibitzen gern frisch gesäte Maiskörner. Vorbeugend hilft es, den Mais entweder vorzuziehen oder das Beet mit einem Netz abzudecken.

Vögel

Auch unsere gefiederten Freunde finden Gefallen an den frisch gesäten Maiskörnern. Viel schlimmer ist aber, dass sie sich im Sommer über die reifenden Maiskolben hermachen, besonders, wenn die Hüllblätter die Maiskörner nicht mehr schützend einhüllen. Dann rechtzeitig ernten, die Kolben einnetzen oder den Rest einfach mit den Vögeln teilen.

Ernten

An jeder Maispflanze wachsen in der Regel zwei Maiskolben. Je nach Sortengruppe und Aussaatzeitpunkt beginnt die Ernte der milchreifen Maiskolben ab August. Zuckermais und Gemüsemais werden in unreifem Zustand geerntet, Trockenmais erst, wenn die Körner trockenreif sind.

Zuckermais und Gemüsemais

Wenn die Haarbüschel an den Maiskolben beginnen, sich an den Spitzen braun zu verfärben, sind die Körner bei Zuckermais und Gemüsemais ausgewachsen. Die Körner sind dann noch weich und geben eine milchige Flüssigkeit frei, wenn man mit dem Fingernagel hineinsticht. Das nennt man milchreif. Um das zu testen, schlägt man die Hüllblätter an einer Stelle zurück. Ist der Erntezeitpunkt noch nicht erreicht, werden die Blätter wieder sorgfältig um den Kolben gelegt. Sonst ist das eine willkommene Einladung an die Vögel …

Die Maiskolben einer Reifegruppe können nach und nach geerntet werden. Der Kolben wird mit einem Ruck seitwärts aus der Blattachsel gebrochen. Die Kolben werden so rasch wie möglich verarbeitet, denn der Zucker wird sehr schnell abgebaut. Die Maiskörner können innerhalb von 24 Stunden bis zu 50 Prozent ihres Zuckergehaltes verlieren, wenn sie bei Zimmertemperatur lagern. Kühlen Sie die Maiskolben deshalb so schnell wie möglich auf 0 bis 5 °C herunter, um die Umwandlung in Stärke zu verlangsamen. Bei diesen niedrigen Temperaturen und einer Luftfeuchte von 90 Prozent sind die Kolben bis zu einer Woche haltbar. Da unsere Kühlschränke diese Bedingungen nicht bieten, sollten die Kolben blanchiert werden, wenn sie nicht sofort verbraucht werden können. Bei extrasüßen Sorten, deren Zuckergehalt doppelt so hoch ist wie bei normalen Zuckermais-Sorten, dauert der Zuckerabbau etwas länger.

Tipp An heißen Sommertagen beschleunigt sich die Reife, sodass erntefähige Kolben bereits an der Pflanze schnell mehlig werden.

Trockenmais

Soll Mais für die Aussaat im kommenden Jahr oder als Trockenmais geerntet werden (hier vor allem Trockenmais und Popcornmais), lässt man die Kolben an der Pflanze ausreifen. Sobald die Hüllblätter trocken und die Körner am Kolben trocken und hart sind, können die Kolben geerntet werden. Nach der Ernte werden die Hüllblätter zurückgeschlagen und zusammengeknotet. Die so vorbereiteten Maiskolben hängt man zum Nachtrocknen an einen warmen, trockenen, gut belüfteten Ort. Danach werden die Maiskolben an einem dunklen, kühlen Ort gelagert, wo sie bis zu 4 Jahre haltbar sind.

Zum Nachtrocknen schlägt man die Hüllblätter der Maiskolben zurück.

Konservieren

❊ Zuckermais einfrieren

Um Zuckermaiskörner einzufrieren, werden sie zunächst vom Kolben gelöst, ein kleines Messer leistet hier wertvolle Dienste. Sie werden 2 Minuten in kochendem Wasser mit etwas Salz blanchiert und danach in kaltem Wasser abgeschreckt. Die Körner auf einem Küchentuch abtrocknen lassen und in Gefrierdosen einfrieren.

Ganze Maiskolben werden 3 Minuten gekocht, anschließend getrocknet, in einen Gefrierbeutel gefüllt und eingefroren. So halten sie sich etwa 4 Monate. Die Maiskolben werden später zur Zubereitung in gefrorenem Zustand in kochendes Wasser mit etwas Salz gegeben und 15 Minuten gegart.

❊ Zuckermais einkochen

Um Zuckermaiskörner einzukochen, Wasser zum Kochen bringen und mit Salz und einer Prise Zucker versehen. Darin werden die vom Kolben gelösten Maiskörner etwa 2 Minuten vorgekocht. Dann gießt man sie ab, füllt sie ohne Aufguss in saubere Gläser und kocht sie 60 Minuten bei 98 °C ein.

Zuckermais süßsauer einlegen

Zuckermais in Essig einzulegen, ist eine bewährte Methode, wenn viel Zuckermais auf einmal verarbeitet werden muss. Für 1 Kilogramm Zuckermaiskörner bereitet man einen Sud aus 0,5 Liter 5-prozentigem Essig und 0,25 Liter Wasser zu. Für eine süßliche Note gibt man noch 80 Gramm Zucker dazu. In dem Sud werden die Maiskörner bissfest gekocht und dann in saubere Gläser gefüllt. Den Sud kocht man erneut auf und gießt ihn über die Maiskörner, bis sie bedeckt sind. Die Gläser werden verschlossen, in einen großen Topf mit 90 °C heißem Wasser gestellt und 15 Minuten eingekocht.

Tipp Der süßsauer eingelegte Zuckermais kann sehr gut mit Paprikawürfeln und Zwiebelwürfeln kombiniert werden. Geben Sie ganz nach Geschmack Kräuter und Gewürze in den Essigsud.

☼ Milchreifen Zuckermais trocknen

Milchreifen Zuckermais zu trocknen, ist etwas ungewöhnlich, denn normalerweise trocknet man nur reifen, bereits an der Pflanze vorgetrockneten Mais (siehe Seite 70). Doch dann ist beim Zuckermais die Süße schon zu Stärke abgebaut. Möchte man die Süße erhalten, muss man den Zuckermais also trocknen, wenn er milchreif ist. Nur dann bleibt der süße Geschmack erhalten. Wenn man wenig Platz hat, um den Zuckermais einzuwecken oder einzufrieren, bietet sich diese Methode der Konservierung an. Das folgende Rezept habe ich in einem alten englischen Kochbuch gefunden und ausprobiert. Der getrocknete Mais schmeckt wie frisch geerntet, wenn er mit heißem Wasser wieder zum Leben erweckt wird.

1 Tasse Zuckermais (die Maiskörner eines Maiskolbens)
15 ml (1 EL) Sahne
1 Prise Zucker
1 Prise Salz
(Wenn sehr viel mehr Zuckermais getrocknet werden soll, können die Zutaten hochgerechnet werden.)

- Mais, Sahne, Zucker und Salz in einen Topf geben und gut miteinander vermengen. Keine Sorge, das klappt gut, auch wenn es zunächst nach sehr wenig Sahne für die vielen Maiskörner aussieht. Unter ständigem Rühren 20 Minuten auf kleiner Flamme kochen lassen, bis die Sahne vollkommen absorbiert wurde. Die Maiskörner sehen dann wie glasiert aus. Nun die Körner auf mit Backpapier ausgelegten Blechen verteilen und an einem warmen, trockenen Ort etwa 3 Tage trocknen lassen. In Gläser oder Dosen füllen und kühl und trocken lagern.
- Um mit diesem Mais zu kochen, übergießen Sie 1 Tasse getrockneten Mais mit 2 Tassen kochendem Wasser und lassen die Körner 1 Stunde einweichen. Dann werden sie 20 Minuten in Wasser mit etwas Salz gekocht oder gleich in einem Eintopf mitgekocht, zum Beispiel im Kürbis-Mais-Bohnen-Eintopf (siehe Seite 130) oder in Chili sin oder con carne.

Welche Maisformen gibt es?

Man fasst die verschiedenen Maisvarietäten in Gruppen gleicher Merkmale zusammen. Diese Gruppen werden Convarietäten genannt und in der botanischen Systematik mit convar. abgekürzt.

Die Körner von **Hartmais** *(Zea mays* convar. *mays)* sind relativ groß und oben rundlich. Die Pflanzen sind ausgesprochen kältetolerant. Es gibt viele frühreife Sorten, die sich für den Anbau in kühleren Regionen mit kürzerer Vegetationsperiode eignen. In Europa werden vor allem Kreuzungen aus Hartmais und Zahnmais angebaut. In der Welt-Maisproduktion steht Hartmais an zweiter Stelle. Die Körner werden als Körnermais verwendet oder zu Tierfutter, Maismehl oder Maisgrieß verarbeitet.
Sorten für den Garten: zum Beispiel 'Gelber Vorarlberger', 'Roter Vorarlberger', 'Hopi Blue', 'Hopi Bunt', 'Alter Roter Hausmais'.

Zahnmais *(Zea mays* convar. *dentiformis)* hat seinen Namen der Form seiner getrockneten Körner zu verdanken: Sie sind oben eingesunken und ähneln einem Pferdezahn. Die Pflanzen sind in der Regel sehr wärmebedürftig und werden bei uns vor allem als Gemüsemais geerntet. Mehr als 70 Prozent der Welt-Maisproduktion wird mit Zahnmais bestritten. Die Körner werden überwiegend zu Tierfutter verarbeitet oder dienen als Ausgangsstoff für Sirup, Stärke, Keimöl und Alkohol.
Sorten für den Garten: zum Beispiel 'Oaxacan Green', 'Earth Tones', 'Bloody Butcher'.

Popcornmais *(Zea mays* convar. *microsperma)* ist eine der ältesten Formen von Mais. Die kleinen Kolben sind mit glänzenden, harten Körnern besetzt, die in gepuffter Form am besten bekömmlich sind.
Sorten für den Garten: zum Beispiel 'Erdbeermais', 'Hopi Popi', 'Pink Pop'.

Hartmais, Sorte 'Hopi Blue'

Zahnmais, Sorte 'Earth Tones'

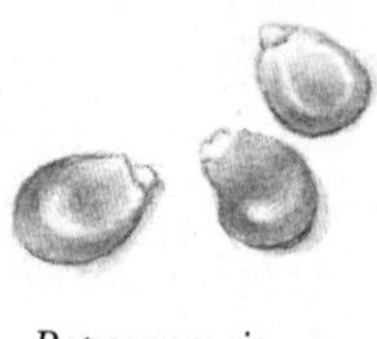

Popcornmais, Sorte 'Hopi Popi'

Weichmais *(Zea mays* convar. *amylacea)* wird auch als Stärkemais bezeichnet, denn sein Korn enthält viel Stärke und wenig Eiweiß. Deshalb wird er für die Herstellung von Stärke und Alkohol verwendet, ist aber auch ein gutes Nahrungsmittel. Die Hauptanbaugebiete liegen in Südamerika.
Sorte für den Garten: zum Beispiel 'Painted Mountain'.

Zuckermais *(Zea mays* convar. *saccharata)* ist wärmebedürftig. Im Vergleich zu anderen Maisvarietäten enthalten die Körner mehr Fett und weniger Stärke. Sie eignen sich deshalb nicht für die Herstellung von Mehl und Grieß.
Sorten für den Garten: zum Beispiel 'Golden Bantam', 'Black Aztek', 'Rainbow Inka'.

Röstmais *(Zea mays* convar. *amylea-saccharata)* ist eine relativ junge Kreuzung aus Zuckermais und Stärkemais, die in den peruanischen Anden entstanden ist. Die Körner sind im Milchreifestadium so süß wie Zuckermais, können getrocknet zu Mehl und Grieß verarbeitet werden. Aus den trockenen Körner wird eine südamerikanische Spezialität zubereitet: Röstmais oder Chulpe-Mais, der wie Kartoffelchips verzehrt wird. Die Pflanzen reifen erst sehr spät, nach 150 bis 180 Tagen. Um Röstmais auch bei uns zu probieren, sollten die Pflanzen bereits Anfang April auf der Fensterbank vorgezogen werden.
Sorten für den Garten: zum Beispiel 'Cancha Chulpi', 'Cancha Cuzco', 'Cancha Rojo'.

Wachsmais *(Zea mays* convar. *ceratina)* hat bei uns keine Anbaubedeutung. Er wird in den USA und in Ostasien angebaut. Seine Körner haben einen hohen Gehalt an Amylopektin, das vor allem bei der Herstellung von Klebstoffen und Puddingpulver eine Rolle spielt.

Weichmais, Sorte 'Painted Mountain'

Zuckermais, Sorte 'Rainbow Inka'

Röstmais, Sorte 'Cancha Chulpi'

»Die mittlere Schwester war in leuchtendes Gelb gekleidet. Sie war ein rechter Wildfang und wollte immer herumlaufen, wenn die Sonne schien und ihr der Wind ins Gesicht wehte.«

Die zweite Schwester
Der Kürbis

Sorten für Drei Schwestern

Man unterscheidet beim Kürbis drei Arten, die in unseren Gärten angebaut werden: Garten-Kürbis, Riesen-Kürbis und Moschus-Kürbis. Alle drei sind für die Drei Schwestern gleichermaßen gut geeignet. Ich mag besonders die Kürbisse mit kleinen und mittelgroßen Früchten, denn von ihnen kann ich 4 bis 5 Früchte pro Pflanze ernten. Großfrüchtige Sorten wie 'Gelber Zentner' schaffen es dagegen nur, 1 bis 2 Früchte zur Reife zu bringen.

Kurzer Steckbrief für Riesen-Kürbis *(Cucurbita maxima)*

- Standort: vollsonnig, windgeschützt, nährstoffreicher Boden, pH-Wert 6 – 7,5
- Aussaat: ab Mitte Mai ins Freie, Vorkultur ab Ende April
- Pflanzenabstand in Reinkultur: 1 – 2 m
- Reihenabstand in Reinkultur: 1,5 – 2,5 m
- Pflege: anfangs regelmäßig den Boden lockern, im Sommer lange Triebe einkürzen
- Düngen: Starkzehrer, zwei Stickstoffgaben: zur Aussaat beziehungsweise Pflanzung und 4 – 6 Wochen später, in der Hauptwachstumszeit verdünnte Brennnesseljauche
- Gießen: erhöhter Wasserbedarf ab der Blüte bis zur Fruchtreife
- Ernte: sobald die sortentypische Größe erreicht ist, etwa ab September
- Pflanzenschutz: Schnecken, Echter Mehltau

Ausgewählte Kürbissorten für Drei Schwestern

Grundsätzlich können alle Kürbisarten für Drei Schwestern genommen werden. Dies sind Sorten mit kleinen und mittelgroßen Früchten:

'Uchiki Kuri': Runder, orangefarbener Hokkaido-Kürbis mit goldgelbem, nussigem Fruchtfleisch. Die Schale ist essbar. Die etwa 1,2 Kilogramm schweren Früchte reifen ab September. Voll ausgereift sind sie etwa 6 Monate lagerfähig.

'Green Hokkaido': Runder, dunkelgrüner Hokkaido-Kürbis mit orangefarbenem Fruchtfleisch. Die Früchte wiegen etwa 1,2 Kilogramm und sind 5 bis 9 Monate lagerfähig.

'Sweet Dumpling': Der kleine, nur 200 Gramm leichte Zwergen-Kürbis hat auffällige grün-weiße Längsrippen. Das orangefarbene Fruchtfleisch ist nussig. Ausgereifte Kürbisse halten sich etwa 4 Monate.

'Jack be little': Der kleine, leichte Kürbis ist ein Halloweenkürbis im Miniaturformat. Die Pflanzen sind mit bis zu 30 Früchten sehr ertragreich. Die Mini-Kürbisse können auch gut für herbstliche Dekorationen verwendet werden, bevor sie gegessen werden.
Sie sind bis zu 8 Monate lagerfähig.

'Table Ace': Dieser Acorn-Kürbis hat fast schwarzgrüne, längs gerippte, 0,7 bis 1,5 Kilogramm schwere Früchte mit süßlichem, leicht faserigem Fruchtfleisch. Reife Früchte können bis zu 3 Monate gelagert werden.

'Blue Ballet': Dieser birnenförmige Hubbard-Kürbis hat eine ungewöhnliche blaugraue Schale. Sein festes, orangefarbenes Fruchtfleisch ist angenehm süß und nussig. Die zwischen 1 und 3 Kilogramm schweren Früchte können 8 bis 10 Monate gelagert werden.

'Blue Banana': Ein walzenförmiger Bananen-Kürbis mit graublauer Schale und hellorangefarbenem, festem, aromatischem Fruchtfleisch. Er reift relativ spät, kann dafür aber bis zu 9 Monate gelagert werden.

Tipp Kürbissamen sind mehr als 5 Jahre keimfähig.

'Red Turban': Turban-Kürbisse erinnern in ihrer zweigeteilten Form an Turbane oder Bischofsmützen. Sie werden eher als Zierkürbisse angesehen, haben jedoch ein sehr aromatisches, süßes Fruchtfleisch. Die großen Turbane bringen gut und gerne 1 bis 3 Kilogramm auf die Waage.
'Jack O'Lantern': Dieser runde, orangefarbene Halloweenkürbis ist mit seinen knapp 3 Kilogramm Fruchtgewicht der »Riese« in dieser Auswahl. Mit seiner dünnen Schale eignet er sich gut fürs Kürbisschnitzen. Sein Fruchtfleisch ist schmackhaft. Die reifen, unversehrten Kürbisse halten etwa 4 Monate.

Samen ernten

Kürbisse werden fremd bestäubt. Baut man mehrere Sorten einer Kürbisart an, zum Beispiel von *Cucurbita maxima*, können sie sich miteinander verkreuzen und die Samenernte wird zum Glücksspiel. Denn die Insekten tragen die Pollen der unterschiedlichen Kürbissorten mit sich herum und bringen sie auf die Blüten. Ein Glücksspiel ist es, denn aus den Samen einer sehr schmackhaften Sorte können wieder ähnlich schmackhafte Kürbisse wachsen, wenn die Bienen nicht Blüten von vielen unterschiedlichen Sorten besucht haben. Es können aber auch Kürbisse, die ganz anders aussehen und schmecken, entstehen. Schließlich gibt es nicht umsonst mehr als 800 Sorten! Den diesjährigen Kürbisfrüchten und Kürbissamen sieht man diese Verkreuzung nicht an.

Um sortenreine Kürbissamen zu ernten, muss deshalb ein Mindestabstand von 250 Metern zwischen verschiedenen Sorten einer Art eingehalten werden. Gibt es keine höheren Sträucher, Bäume oder andere Hindernisse, die den Garten vor Kürbispollen aus benachbarten Gärten schützen, sollte der Abstand besser 600 Meter betragen. Das bedeutet für einen kleinen Garten: Nur eine Sorte pro Art wird angebaut und nicht mehr. Glücklicherweise verkreuzen sich die einzelnen Kürbisarten untereinander nicht und können gemeinsam auf einem Beet angebaut werden.

Tipp Stehen verschiedene Sorten einer Kürbisart mit jeweils mehreren Pflanzen dicht beieinander, können Sie die **Blüten auch von Hand bestäuben** und so eine Fremdbestäubung ausschließen. So geht's: Man bindet die weibliche Blüte am Abend, bevor sie sich öffnet, mit Krepp-Klebeband zu. Am nächsten Morgen öffnet man die Blüte vorsichtig und bringt den Pollen einer männlichen Blüte möglichst von einer anderen Pflanze derselben Sorte auf den Stempel der weiblichen Blüte. Die Blüte wird wieder verschlossen, zum Beispiel mit dem Krepp-Klebeband oder mit einer Butterbrottüte. Damit nicht doch noch Insekten fremden Pollen aufbringen, bleibt die Blüte bis zum nächsten Tag verschlossen. War die Befruchtung erfolgreich, wird die Blüte beziehungsweise der Fruchtansatz markiert, damit aus der vollreifen Frucht die sortenreinen Samen entnommen werden können.

Jede Kürbissorte eignet sich für den Anbau mit den Drei Schwestern.

Welche Kürbisarten gibt es?

Riesen-Kürbis

Der Riesen-Kürbis *(Cucurbita maxima)* ist wohl der bekannteste im Kürbisreich, vor allem bekannt für rekordverdächtige Riesenfrüchte und manchmal recht fade schmeckendes Fruchtfleisch. Letzteres trifft zum Glück nur auf den 'Gelben Zentner' zu. Denn zu den Riesen-Kürbissen zählen auch die

schmackhafteren, kleineren Varietäten wie Hubbard, Turban, Bananenkürbis und die beliebten Hokkaidos. Leicht zu erkennen sind die Riesen-Kürbisvertreter an ihren nicht gelappten Blättern und runden, weichen Stängeln. Die Fruchtstiele sind rund und verkorkt.
Sorten für den Garten: zum Beispiel 'Blue Hubbard', 'Hokkaido Orange', 'Buttercup', 'Uchiki Kuri', 'Red Turban', 'Blue Banana'.

Garten-Kürbis

Garten-Kürbisse *(Cucurbita pepo)* sind wohl die ältesten in Kultur genommenen Kürbisse, zunächst vermutlich wegen der nahrhaften Samen. Früheste Funde datieren auf 7500 und 5000 v. Chr. Die Garten-Kürbisse, zu denen auch die Zucchini zählen, haben leicht bestachelte Fruchtstiele mit fünf Hauptlängsrippen und weiteren Rippen dazwischen. Ihre fünflappigen, rauen, stacheligen Blätter sind manchmal tief eingeschnitten und haben teilweise eine sortentypische Marmorierung. Zu den Garten-Kürbissen zählen Zucchini, Acorn oder Eichelkürbis, Patissons und Spaghetti-Kürbis, aber auch viele Zierkürbisse. Hier aufgepasst: Bei selbst gesammelten Samen können sich die Bitterstoffe aus den Zierkürbissen in die Garten-Kürbisse einkreuzen (siehe Seite 89).
Sorten für den Garten: zum Beispiel 'Jack O'Lantern', 'Ebony Acorn', 'Sweet Dumpling', 'Rondini', 'Patisson Custard White'.

Moschus-Kürbis

Moschus-Kürbisse *(Cucurbita moschata)* sind sehr wärmebedürftig und reifen in unseren Breiten selten zur Lagerreife aus. Man erkennt sie an ihren großen, weichen, gelappten Blättern und am kantigen Fruchtstiel. Die Früchte haben meist eine glatte Schale und orangefarbenes, sehr aromatisches Fruchtfleisch. Bekannte Formen sind der flaschenförmige Butternut und der tief gerippte Muskatkürbis.
Sorten für den Garten: zum Beispiel 'Butternuss', 'Muscade de Provence'.

Tipp Moschuskürbisse sind sehr kälteempfindlich und brauchen lange, bis sie Früchte tragen. Ziehen Sie die Pflanzen ab Ende April auf der Fensterbank vor und setzen Sie sie Ende Mai ins Beet. So haben die Pflanzen einen guten Vorsprung und die Früchte die Chance auszureifen.

Gibt es eine Alternative für Kürbis im Drei-Schwester-Beet?

Anstelle des Kürbisses können die nahen Kürbisverwandten Gurken und Zucchini ins Drei-Schwester-Beet gesetzt werden. Ihr Ausbreitungsdrang ist nicht so stark, deshalb pflanzt man sie in einem engeren Abstand als die Kürbisse. Kürbis, Gurke und Zucchini können sogar in einem Beet kombiniert werden, nur sollte der Kürbis dann an den Rand gepflanzt werden, denn er würde die beiden anderen schnell überwuchern. In Weinbauregionen kann man auch mit Zuckermelonen und Honigmelonen experimentieren.

Gurken

Gurken *(Cucumis sativus)* sind im Vergleich zum Kürbis zarte Pflanzen mit kleineren Blättern. Damit sie den Boden flächig bedecken, werden sie dichter gesetzt, etwa alle 50 Zentimeter. Gurken sind Rankpflanzen. Sie würden auch schnell mal am Mais hochklettern. Pflücken Sie die Ranken deshalb heraus. Ansonsten werden Gurken ähnlich gepflegt wie der Kürbis. Gesät werden kann bis Anfang Juli. Etwa 8 bis 9 Wochen nach der Aussaat beginnt die Erntezeit. Gurken sind sehr anfällig gegenüber dem Falschen Mehltau. Am besten geeignet sind freilandtaugliche Feldgurken (zum Beispiel 'Marketmore 76') oder Einlegegurken (zum Beispiel 'Diamant'), die resistent gegenüber dem Falschen Mehltau sind.

Zucchini

Zucchini *(Cucurbita pepo)* wachsen mehr oder weniger aufrecht, legen sich im Spätsommer aber oft auf die Seite. Sie bedecken den Boden nicht als lebender Mulch, deshalb sollte bei ihnen mit Grasschnitt oder Leguminosenschnitt gemulcht werden. Die Pflanzdichte ist etwas enger als bei Kürbis, etwa 1 mal 1 Meter. Empfehlenswerte Sorten sind 'Striato d'Italia', 'Gold Rush' oder 'Black Beauty'. Zucchini werden geerntet, wenn die Früchte 10 bis 15 Zentimeter lang sind. Dann sind sie besonders zart. Zudem werden bei fortwährender Ernte immer wieder neue Blüten gebildet.

Melonen

Melonen *(Cucumis melo)*, wie Zuckermelonen und Honigmelonen, sind die wärmebedürftigsten der hier genannten Kürbisgewächse. In unseren Breiten können sie meist nur im Gewächshaus oder auf einem Mistbeet gezogen werden. Wer in einer klimatisch begünstigten Weinbauregion seinen Garten hat, kann die Melonen auch im Freiland ziehen. Die Mischkultur mit Mais und Bohnen ist noch nicht erprobt, könnte aber in Weinbauregionen klappen, weil der hoch wachsende Mais den empfindlichen Melonen Windschutz gewährt. Geeignet sind früh reifende Freilandsorten, zum Beispiel 'Kolchosniza', 'Petit gris de Rennes', 'Streits Freiland' oder 'Melba'.

Tipp Sollen die nährstoffhungrigen Melonen, Kürbis und Co. außerhalb der Drei Schwestern wachsen, ist auch der Komposthaufen ein guter Ort dafür. Doch Achtung: Nicht direkt in den Komposthaufen pflanzen, sondern außerhalb zu dessen Füßen. Dort profitieren die Pflanzen am besten von den aus dem Kompost ausgeschwemmten Nährstoffen.

Standort und Bodenvorbereitung

Kürbisse mögen es warm, sonnig und windgeschützt. Die Moschuskürbisse sind besonders wärmebedürftig. In kühlen Sommern setzen sie nur wenige oder gar keine Früchte an. Die Pflanzen gedeihen gut auf leichten bis mittelschweren Böden mit guter Struktur und hohem Humusgehalt, die sich rasch erwärmen und ein hohes Wasserhaltevermögen besitzen. Die Pflanzen brauchen große Mengen Nährstoffe, um genügend Kraft zu haben, die vielen und großen Blätter zu produzieren. Die Beete können im Herbst des Vorjahres mit Stallmist vorbereitet werden. Oder man gibt als Startdünger eine gute Schaufel reifen Kompost oder kompostierten Mist ins Pflanzloch und darüber etwas Erde.

Aussaat

Etwa 1 bis 2 Wochen nachdem der Mais gepflanzt wurde, werden die Kürbisse ins Beet gesät. Das ist etwa Ende Mai. In jedes Pflanzloch werden 2 Samen 2 bis 3 Zentimeter tief gelegt. Gehen beide Samen auf, lässt man den kräftigeren Sämling stehen. Leider haben Schnecken die großen, saftigen Keimblätter der Kürbissämlinge zum Fressen gern. Um dem vorzubeugen, können Sie die Kürbisse ab Mitte Mai im Freien in Töpfchen vorziehen und sie Anfang Juni oder 2 Wochen nach dem Mais als Jungpflanzen ins Drei-Schwester-Beet setzen.

Pflege

Spätfröste sind im Mai keine Seltenheit, auch nach den Eisheiligen Mitte Mai kann es noch einmal empfindlich kalt werden. Kürbisse vertragen Temperaturen unter 5 °C nicht. Legen Sie deshalb bei Frostgefahr ein Vlies auf das Beet. Bis die Kürbisblätter den Boden bedecken, sorgt mehrmaliges flaches Hacken für eine bessere Bodendurchlüftung und hält die Feuchtigkeit im Boden. Nicht zu tief hacken, denn die Kürbiswurzeln liegen in den oberen Bodenschichten.

Mit ihren großen Blättern verbrauchen Kürbisse viel Wasser. Die Pflanzen vertragen zwar kürzere Trockenzeiten, sollten bei länger anhaltender Trockenheit jedoch gegossen werden. Ab der Blüte bis zur Fruchtreife haben die Kürbispflanzen einen erhöhten Wasserbedarf.

Tipp Wenn der Mai ungewöhnlich trocken ist, sollten die Jungpflanzen unbedingt gegossen werden, damit sie gut weiterwachsen können.

Zu lange Triebe werden eingekürzt, wenn diese keine Früchte tragen. Je nach Sorte belässt man bei großfrüchtigen Sorten 2 bis 3 Früchte pro Pflanze, bei kleinfrüchtigen Sorten 4 bis 5 Früchte pro Pflanze (mehr bei den Mini-Kürbissen). Alle anderen Fruchtansätze werden möglichst frühzeitig entfernt. Nun kann die Pflanze die Früchte gut ernähren und sie erreichen die sortentypische Größe. Unter die reifenden Früchte werden Stroh oder Holzbretter gelegt. So liegen sie nicht auf der nassen Erde und die Fäulnisgefahr ist gebannt.

► **Gut zu wissen:** Auf einer Kürbispflanze gibt es männliche und weibliche Blüten. Die männlichen Blüten sitzen auf einem langen Stiel und enthalten die Staubgefäße. Sie erscheinen stets früher als die weiblichen Blüten. Die weiblichen Blüten haben einen auffälligen Fruchtknoten, der bereits wie ein kleiner Kürbis aussieht. Damit Früchte entstehen, müssen männliche und weibliche Blüten zur gleichen Zeit geöffnet sein. Nur dann klappt die Bestäubung. Trägt der Kürbis keine weiblichen Blüten, kann das verschiedene Ursachen haben: Es ist zu heiß oder dem Kürbis stehen zu wenig Nährstoffe zur Verfügung. Bei Letzterem hilft schon eine Gabe Flüssigdünger. Sind zwar weibliche und männliche Blüten da, aber mit dem Fruchtansatz klappt es trotzdem nicht, sind keine Bestäuber unterwegs. Dann müssen Sie den Bestäuber spielen und den Pollen mit einem feinen Pinsel von der männlichen Blüte auf die weibliche Blüte übertragen. ■

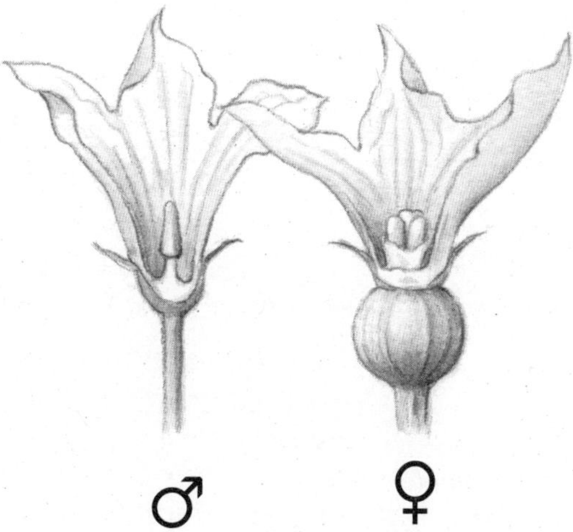

Kürbisse haben männliche und weibliche Blüten auf einer Pflanze. Die männlichen sitzen auf einem einfachen Stiel, die weiblichen haben schon den ersten Fruchtansatz unter der Blüte. Für eine gelungene Bestäubung braucht man beide Blütenformen. Auch Gurken und Melonen haben solche getrenntgeschlechtlichen Blüten.

Düngen

Kürbis ist ein Starkzehrer (wie auch Zucchini, Gurken und Melonen). Er braucht allerdings nicht so viel Stickstoff, sondern hat eher einen hohen Bedarf an Kalium, Phosphor und anderen Spurenelementen. Als Startdüngung bekommt er deshalb eine Schaufel Kompost ins Pflanzloch (Kompost enthält zusätzlich zum Stickstoff auch pflanzenverfügbares Kalium und Phospor). Nach etwa 6 Wochen, wenn er 4 bis 6 Blätter ausgebildet hat, gibt es die nächste Düngergabe mit einem stickstoffbetonten Dünger. Während der Hauptwachstumszeit im Sommer wird noch zweimal mit verdünnter Brennnesseljauche oder Beinwelljauche nachgedüngt (Rezepte siehe Seite 137 und Seite 138).

Ab dem zweiten Standjahr ist eine Düngung nicht mehr notwendig, wenn alle Pflanzenrückstände auf dem Beet bleiben und regelmäßig die Mulchschicht erneuert wird. Trotzdem kann es im Sommer zu Engpässen in der Stickstoffversorgung kommen. Diese erkennt man daran, dass die Kürbisblätter ihre grüne Farbe verlieren und gelblich werden. Dann gibt es sofort einen stickstoffhaltigen Flüssigdünger, etwa Brennnesseljauche oder einen organischen Flüssigdünger. Es muss ein Flüssigdünger sein, denn pulverförmige Dünger, Kompost oder Mist wirken zu langsam.

Vorgezogene Kürbispflanzen werden ab Anfang Juni ins Drei-Schwester-Beet gepflanzt. Dann hält der Mais die Konkurrenz zur schnell wachsenden Nachbarpflanze gut aus.

Schädlinge und Krankheiten

Dem Kürbis rücken nur weinige Schädlinge zu Leibe, auf die Sie ein Auge haben sollten.

Echter Mehltau

Bei Befall durch Echten Mehltau erscheinen auf den Blättern und Blattstielen zunächst weiße, pudrige Punkte, die später zusammenfließen. Bei starkem Befall welken die Blätter. Diese Pilzerkrankung macht sich beim Kürbis meist erst im Spätsommer und Herbst bemerkbar. Das ist normal und schadet dem Wachstum der Pflanzen und Früchte zu diesem Zeitpunkt nicht mehr. Tritt der Echte Mehltau dagegen schon im Sommer auf, sollten kranke Blätter so bald wie möglich entfernt werden. Die Blätter können kompostiert werden, wenn sie in die Mitte des Komposthaufens gegeben oder gut mit Kompost oder Erde abgedeckt werden. Noch gesunde Blätter werden mit Knoblauchtee oder Ackerschachtelhalmbrühe behandelt (das Rezept für Ackerschachtelhalmbrühe finden Sie auf Seite 139). Das stärkt die Widerstandskraft der Pflanzen. Der Echte Mehltau ist auch bei Gurken und Zucchini bekannt. Bei diesen beiden Gemüsen können Sie mit resistenten Sorten vorbeugen. Vom Kürbis gibt es keine gegen Echten Mehltau resistente Sorten.

Tipp Für Knoblauchtee 10 g frische Knoblauchzehen zerkleinern, mit 1 l kochenden Wasser überbrühen und etwa 5 Stunden abgedeckt ziehen lassen. Danach den Tee abseihen und einmal wöchentlich auf die Blätter und Triebspitzen sprühen. Der Tee sollte für jede Behandlung neu angesetzt werden.

Schnecken

Nacktschnecken und Gehäuseschnecken können im Frühjahr den Kürbiseifer dämpfen, wenn sie sich an den Sämlingen oder Jungpflanzen vergreifen! Setzen Sie um die Pflanzen kleine Schneckenkragen aus einer 1,5-Liter-PET-Flasche. Bei bekannt erhöhtem Schneckenaufkommen sollten die Kürbisse vorgezogen und Anfang Juni gesetzt werden, wenn bereits die ersten Laubblätter gewachsen sind. Diese sind bei den Schnecken nicht mehr so gefragt. Die zweite Phase, in der Schnecken zum Problem werden können, ist im Spätsommer, wenn sie an den reifenden Kürbissen fressen. Da hilft es nur, die Schnecken morgens und abends abzusammeln und auf eine Mulchschicht, in der sich die Schnecken verstecken können, zu verzichten. Ausnahme ist ein Bett aus Stroh unter den reifenden Kürbissen.

Tipp Basteln Sie einen schnellen **Schneckenkragen** aus einer 1,5-Liter-PET-Flasche. Halbieren Sie dafür die Flasche quer und schneiden Sie den Boden und den Flaschenhals mit einem Teppichmesser ab. Schneiden Sie jeweils eine Seite der beiden Plastikröhren mit dem Teppichmesser alle 2 bis 3 Zentimeter etwa 1,5 Zentimeter tief ein und knicken Sie diese Laschen nach außen um. Diese Hürde können die Schnecken nicht überwinden. Stülpen Sie die Röhren so über die Jungpflanzen, dass der glatte Rand im Boden ist.

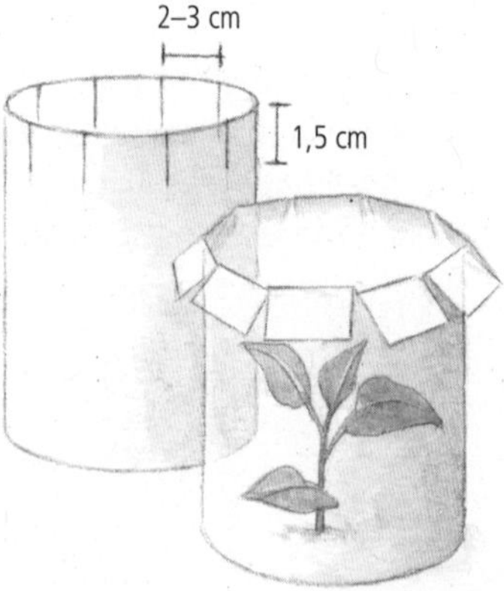

Aus großen Wasserflaschen werden mit ein paar Handgriffen vor Schnecken schützende Manschetten.

Ernten

Die ersten Kürbisse des Jahres werden geerntet, sobald sie ihre sortentypische Größe erreicht haben. Die Schale ist dann noch weich (im Allgemeinen nicht genießbar) und die Früchte können noch nicht gelagert werden. Die übrigen Kürbisse lässt man so lange an der Pflanze, bis sie beim Anklopfen hohl klingen. Weitere untrügliche Zeichen dafür, dass die Kürbisse lagerreif sind: Der Stiel ist eingetrocknet und die Schale so hart, dass sie nicht mehr mit dem Fingernagel eingeritzt werden kann. Allerletzter Erntetag sollte vor einem angekündigten Frost sein.

▸ **Gut zu wissen:** Manchmal sind Gemüsekürbisse unangenehm bitter. Meist passiert das, wenn Kürbisse aus selbst gesammeltem Saatgut gezogen werden. Kürbisse werden fremd bestäubt, und wachsen Zierkürbisse in der Nähe, können deren Pollen auch auf die weiblichen Blüten der Gemüsekürbisse gelangen und diese bestäuben. Einige Zierkürbisse haben bitteres, hartes Fruchtfleisch, das leicht giftig ist. Diese Eigenschaft überträgt sich auf die Samen (also die Nachkommen). Auch spontane Rückmutationen zu den bitter schmeckenden »Ur-Sorten« können auftreten.

Wenn Ihr Kürbis bitter schmeckt, essen Sie ihn bitte nicht weiter! Die Bitterstoffe werden nicht durchs Garen zerstört. Diese Cucurbitacine führen zu leichten Vergiftungen, die sich als Schleimhautreizungen, Übelkeit, Magenkrämpfe, Durchfall und Erbrechen zeigen. Im schlimmsten Fall erleiden empfindliche Personen Tod durch Kreislaufversagen. ■

Pumpkin und Squash

In den USA nennt man die Kürbisse auch Pumpkin und Squash. Bei uns sind diese Bezeichnungen nicht geläufig. **Pumpkin** werden alle für Halloween geeigneten Kürbisse genannt. Das Wort stammt von dem altenglischen und französischen »pampion«, das sich wiederum vom griechischen »pepon« ableitet, was so viel wie »große Melone« bedeutet. **Squash** ist der Kürbis im Allgemeinen. Man unterscheidet hier noch zwischen Summersquash, das sind meist die Zucchini und unreif geerntete Kürbisse mit weicher Schale, und Wintersquash. Das sind die reif geernteten Kürbisse mit harter Schale.

Konservieren

Vollausgereifte Kürbisse mit unverletzter Schale halten sich bis zu 9 Monate bei 10 bis 12 °C und 60 bis 70 Prozent relativer Luftfeuchte. Die Haltbarkeit der Kürbisarten ist unterschiedlich. Die Riesenkürbisse sind dank dicker Schale mehrere Monate lang haltbar. Moschus-Kürbisse halten sogar bis zu einem Jahr, wenn sie tatsächlich voll ausreifen können, was in unseren Breiten eher selten ist. Die Garten-Kürbisse haben nur eine dünne Schale und sehr wasserhaltiges Fruchtfleisch. Deshalb sind sie nur kurze Zeit lagerfähig und sollten als Erstes verbraucht werden.

Tipp Angeschnittene Kürbisse halten sich in Frischhaltefolie gewickelt bis zu 4 Tage im Kühlschrank.

Kürbiswürfel und Kürbispüree einfrieren

Um Kürbiswürfel und Püree einzufrieren, wird das Kürbisfruchtfleisch in kleine Würfel geschnitten. Diese können roh in den Tiefkühler, oder Sie bereiten ein Püree aus den Würfeln. Dafür wird der Kürbis bissfest gegart und mit dem Kartoffelstampfer zerkleinert (siehe auch Rezept auf Seite 120). Vor dem Einfüllen in Gefrierbeutel lässt man das Püree abkühlen. Das tiefgekühlte Püree ist ideal für Suppen und Kuchen.

❊ Kürbisspäne trocknen

Schneiden Sie den Kürbis in Spalten und ziehen Sie mit einem Sparschäler dünne Kürbisspäne ab. Diese werden auf ein mit Backpapier ausgelegtes Blech gelegt und an einem warmen Ort getrocknet. Die getrockneten Kürbisspäne aromatisieren gemeinsam mit anderem Trockengemüse Brühen, Saucen und Reis- oder reisähnliche Gerichte.

❊ Kürbiskerne trocknen

Die frisch entnommenen Kürbiskerne 3 bis 6 Stunden in kaltes Wasser legen. Anschließend lassen sich Fruchtfleisch und Fasern besser entfernen. Auf einem mit Backpapier ausgelegten Blech trocknet man die sauberen Samen etwa 2 Wochen bei Zimmertemperatur. Dann werden sie luftdicht in Gläser oder Dosen verpackt und kühl, trocken und dunkel gelagert. So sind die Samen bis zu einem Jahr haltbar, wenn sie nicht vorher geröstet werden (siehe Rezept Seite 118) …

Tipp So lassen sich auch die Samen für eine Aussaat im kommenden Jahr trocknen.

Ein Rezept für schmackhaften, süßsauer eingelegten Kürbis gibt es auf Seite 123.

»Die jüngste Schwester trug ein grünes Kleid. Sie war noch so jung, dass sie anfangs nur krabbeln und nicht allein stehen konnte, es sei denn, man gab ihr einen Stock.«

Die dritte Schwester
Die Stangenbohne

Sorten für Drei Schwestern

Für die Mischkultur im Drei-Schwester-Beet eignen sich alle Stangenbohnen- und Reiserbohnensorten. Stangenbohnen ranken sich 2 bis 2,5 Meter hoch. Die Reiserbohnen bilden schwächere Triebe und bleiben mit 1 bis 1,5 Meter Wuchshöhe etwas kleiner. Durch den niedrigeren Wuchs haben sie eine geringere Blattmasse, die nicht so schwer auf der Maispflanze lastet. Beide Formen zählen wie die niedrig wachsenden Buschbohnen zu den Gartenbohnen der Art *Phaseolus vulgaris*.

Kurzer Steckbrief für die Stangenbohne *(Phaseolus vulgaris)*

- Standort: vollsonnig, windgeschützt, humoser, durchlässiger Boden, pH-Wert 6 – 7,5
- Aussaat: ab Mitte Mai bis Mitte Juli ins Freie, Vorkultur nicht nötig
- Abstand der Stangen in Reinkultur: 60 cm Abstand der Stangen, 2 bis 5 Samen pro Stange
- Pflege: anhäufeln, wenn 20 cm hoch, in 2 m Höhe kappen
- Düngen: Mittelstarkzehrer, je eine Düngergabe zur Aussaat und zu Beginn der Blüte
- Gießen: vor allem zur Hauptblüte
- Ernte: ab August die jungen Hülsen, ab Ende September die Samen
- Pflanzenschutz: Bohnenfliege, Speisebohnenkäfer, Schwarze Bohnenlaus, Brennfleckenkrankheit, Bohnenrost

Gartenbohnen können meist doppelt genutzt werden: Im Sommer erntet man die jungen Hülsen als grüne Bohnen, im Herbst dann die Trockenbohnen. Einige Sorten sind auch nur für eine der beiden Nutzungsformen besser geeignet. Mischen Sie verschiedene Bohnensorten auf dem Beet, zum Beispiel die blauhülsige 'Blauhilde', die zarte 'Neckarkönigin' und die breite 'Forellenbohne'.

Ausgewählte Stangenbohnensorten für Drei Schwestern

Diese Sorten können gleich zweifach genutzt werden, als grüne Bohne und als Trockenbohne:

'A Cornetto Largo Verde': Stangenbohne mit grünen, breiten Hülsen

'Blauhilde': Stangenbohne mit lila Blüten und langen, blauen, rundovalen Hülsen. Die blaue Farbe geht beim Kochen leider verloren und die Hülsen werden grün.

'Neckarkönigin': Stangenbohne mit langen, grünen, rundovalen Hülsen

'Neckargold': Stangenbohne mit gelben, runden, fadenlosen Hülsen

'Forellenbohne': Stangenbohne mit grünen, violett marmorierten, flachen Hülsen, die auch noch gut schmecken, wenn sich bereits die Samen abzeichnen. Diese Hülsen kann man dann auch gut als Palbohnen nutzen.

'Rävböna': schwedische Reiserbohne mit grün-rot geflammten Hülsen und beige-rot marmorierten Samen

'Black Pearl': brasilianische Reiserbohne mit kurzen, grünen Hülsen und lila Blüten. Die schwarzen Trockenbohnen werden gern im brasilianischen Nationalgericht Feijoada verwendet.

'Weiße Perle': Reiserbohne mit vielen kurzen, grünen Hülsen, in denen weiße Samen liegen

'Gelbe Reiserbohne': Reiserbohne mit langen, mittelgrünen Hülsen und schwefelgelben Samen

Samen ernten

Von Gartenbohnen können relativ einfach sortenreine Samen gesammelt werden, denn sie sind strenge Selbstbestäuber. Die Bestäubung findet oft schon in der geschlossenen Blüte statt. So liegt der Anteil der Fremdbestäubung unter 1 Prozent. Aber: In blütenarmen Regionen und wenn vor allem Wildbienen und Hummeln fliegen, liegt der Anteil der Fremdbestäubung höher, bei etwa 20 Prozent! Denn Hummeln beißen die Blüten einfach auf und größeren Wildbienen gelingt es, die Blüten so weit aufzustemmen, dass sie dabei die Griffel bestäuben.

Um Samen fürs kommende Jahr zu sammeln, lässt man die ersten kräftigen Hülsen an der Pflanze und markiert sie, damit sie nicht versehentlich als grüne Bohnen geerntet werden. Diese Hülsen werden erst geerntet, wenn sie sich deutlich verfärben und brüchig und trocken sind. Lassen Sie die Hülsen an einem trockenen, luftigen Ort nachtrocknen und lösen Sie dann die Samen aus. Dabei sollten sortenuntypische Samen gleich aussortiert werden. Das sind die durch Fremdbefruchtung entstandenen.

Tipp Bohnensamen sind 4 bis 5 Jahre keimfähig.

Gibt es eine Alternative für die Stangenbohnen im Drei-Schwester-Beet?

Ja, die gibt es. Außer den Stangenbohnen können auch die niedrigen, nicht kletternden Buschbohnen gesät werden. In die Höhe – und damit den Stangenbohnen ähnlich – gehen auch die robusteren Feuerbohnen und die wärmebedürftigen Limabohnen und Helmbohnen. Hinweise zu diesen vier Bohnenarten folgen auf den nächsten Seiten. Alle vier werden wie die Stangenbohnen gepflegt.

Buschbohne

Buschbohnen *(Phaseolus vulgaris)* wachsen buschig und klettern nicht an den Maispflanzen empor. Sie sind anspruchsloser und bringen einen früheren Ertrag. Der Erntezeitraum ist jedoch deutlich kürzer als bei den Stangenbohnen. Darum sät man die Buschbohnen meist in zwei Chargen und lässt im Anbauplan Platz für die zweite Aussaat Anfang Juli. Für ein Drei-Schwester-Beet mit Buschbohnen ist das Hidatsa-Design, bei dem die Bohnen nicht mit dem Mais in einem Hügel stehen, geeignet (siehe Seite 46).

Anstelle von Stangenbohnen können auch Buschbohnen ins Drei-Schwester-Beet gesät werden.

Feuerbohne

Die Feuerbohne *(Phaseolus coccineus)* ist vor allem in kühleren Lagen eine Alternative, wo die wärmebedürftigen Gartenbohnen nicht so gut wachsen. Aber: Feuerbohnen sind noch starkwüchsiger als Stangenbohnen, ihre Ranken können bis zu 5 Meter lang werden! Geben Sie den Feuerbohnen daher ein zusätzliches Rankgerüst, damit sie sich nicht ausschließlich auf den Mais stützen, und kürzen Sie die Ranken in etwa 2 Meter Höhe ein. Obwohl die robusten Feuerbohnen zeitiger als die Stangenbohnen gesät werden können, sollten sie erst ins Beet gebracht werden, wenn der Mais ausreichend hoch ist. In der Kultur ähneln sich Stangenbohnen und Feuerbohnen. Geerntet werden die jungen Hülsen und die reifen Samen.

Obwohl Feuerbohnen wie die Stangenbohnen der Gattung *Phaseolus* angehören, unterscheiden sie sich in zwei Punkten:

1. Sie werden fremd bestäubt. Werden verschiedene Sorten gemeinsam angebaut, verkreuzen sie sich auf jeden Fall. Pollen der Feuerbohne kann auch auf Blüten der Gartenbohnen gelangen, diese bestäuben und die Feuerbohne sich so mit Gartenbohnen verkreuzen! Veränderungen an den wachsenden Samen der Gartenbohnen bereits im laufenden Jahr sind aber kaum relevant, eben nur in blütenarmen Regionen, wenn bei den Bohnen eine solche Fremdbestäubung stattfindet.

2. Feuerbohnen sind mehrjährig. Die Wurzelknollen können im Oktober ausgegraben und wie Dahlienknollen kühl bei 5 °C und dunkel überwintert werden. Im Frühjahr werden die Knollen nach den letzten Spätfrösten wieder eingepflanzt. Der Vorteil: In kühleren Lagen, wo eine zeitige Aussaat ab Anfang Mai nicht möglich ist, haben die Pflanzen einen Wachstumsvorsprung gegenüber gesäten Bohnen.

► **Übrigens:** Die Feuerbohnen sind ein traditionsreiches Gemüse in der Steiermark und werden dort in einer Mischkultur mit Mais angebaut. Mehr dazu lesen Sie auf Seite 24. ■

Helmbohne

Mit ihren lilafarbenen Blütenständen und den lila Hülsen ist die Helmbohne *(Lablab purpureus)* ein Farbklecks im Drei-Schwester-Beet. Doch sind die Helmbohnen noch wärmebedürftiger als Stangenbohnen und es dauert etwa 4 Monate, bis die ersten Hülsen geerntet werden können. Die Pflanzen brauchen einen vollsonnigen, windgeschützten Platz. Wenn es zu kalt ist, blühen die Bohnen erst sehr spät im Jahr oder gar nicht. Die Bohnen werden am besten ab Ende April auf der Fensterbank vorgezogen und kommen frühestens Anfang Juni ins Drei-Schwester-Beet. In den ersten drei Monaten nach der Aussaat dürfen sie nicht austrocknen, danach macht ihnen Trockenheit aber nicht mehr viel aus. Geerntet werden die jungen, noch weichen Hülsen. Die Bohnensamen reifen in unseren Breiten selten aus.

▸ **Übrigens:** Die Helmbohne wird vor allem im südlichen Afrika, Indien und in der Karibik angebaut, meist in Mischkultur. Steht sie zusammen mit Mais im Beet, wird sie etwa einen Monat nach dem Mais gesät. ■

Limabohne

Die Limabohne *(Phaseolus lunatus)*, wegen ihrer sichelförmigen Hülsen auch Mondbohne genannt, ist wie die Helmbohne sehr wärmebedürftig und eher für mildes Weinbauklima geeignet. Werden die Pflanzen im April auf der warmen Fensterbank vorgezogen, entwickeln sich die Bohnenhülsen auch in kühleren Regionen. Ab Juli oder August werden die jungen Hülsen mit den noch unreifen Samen geerntet.

Standort und Bodenvorbereitung

Zwischen den Maispflanzen finden die Bohnen einen windgeschützten, warmen Platz, so wie sie ihn brauchen, um viele Blüten und Früchte anzusetzen. Stangenbohnen sind recht genügsam und wachsen auf fast allen Böden, nur extreme Sandböden oder Tonböden sind nicht geeignet. Da der Boden für den Mais schon gut vorbereitet wurde, muss vor der Bohnenaussaat nur noch einmal das Unkraut entfernt werden.

Tipp Bohnen haben einen sehr hohen Magnesiumbedarf. Ein Mangel zeigt sich vor allem an den älteren Blättern. Zwischen den Blattadern entstehen mehr oder weniger stark ausgeprägte gelbgrüne bis gelbe Felder. Die Blattadern haben einen grünen Saum. Zeigt sich solch ein Mangel, sollte im Herbst zusätzlich magnesiumhaltiger Kalkdünger in den Boden eingearbeitet werden.

Bohnen-Tipi: Aus 5 dicken Haselruten und Stangenbohnen oder Feuerbohnen entsteht im Laufe des Sommers ein grünes Zelt.

Aussaat

Stangenbohnen sind frostempfindlich. Nur wenn der Boden von der Frühjahrssonne schon ausreichend erwärmt wurde, gehen die Samen gut auf und die Pflanzen wachsen kräftig. Darum sollten Bohnen frühestens ab Mitte Mai, besser erst Ende Mai ins Freie gesät werden. Die letzten Aussaaten sind bis Mitte Juli möglich. Im Drei-Schwester-Beet werden die Bohnen gesät, wenn die Maispflanzen 10 bis 15 Zentimeter hoch sind, meist zeitgleich mit den Kürbissen. Es ist auch möglich, die Bohnensaat bei kühlem, regnerischem Wetter bis in den Juni zu verschieben. Je nach Anbauplan werden 4 bis 8 Bohnensamen um die Maispflanzen gesät. Der Ertrag bleibt derselbe, egal, wie viele Bohnen zusammen an eine Kletterhilfe (Mais oder Stange) gesät werden. Denn er ist vom Nährstoffangebot und Licht abhängig und nicht von der Pflanzdichte.

Tipp Die Bohnensamen nicht vorquellen. Bei feuchtem Boden faulen sie schnell, bei trockenem Boden trocknen sie aus. Wenn es Ende Mai noch zu kalt ist, können die Bohnen vorgezogen und im Zweiblatt-Stadium gepflanzt werden. Auch bei bekannter Belastung des Bodens mit der Bohnensaatenfliege sollten die Bohnen vorgezogen werden (siehe Seite 105).

Ist das Frühjahr zu kühl, werden die kälteempfindlichen Bohnen erst Anfang Juni gesät.

Pflege

In den ersten 4 bis 6 Wochen nach dem Auflaufen wird der Boden um die Bohnen regelmäßig flach gelockert. Dabei wird gleichzeitig das Unkraut entfernt. Wenn die jungen Bohnenpflanzen 20 Zentimeter hoch sind, werden sie angehäufelt. Das erhöht ihre Standfestigkeit und fördert den Ansatz von Blüten und Hülsen. Bis die Kürbisblätter den Boden bedecken, werden die offenen Flächen gemulcht, um die Feuchtigkeit im Boden zu halten. Wenn die Bohnen in Vollblüte stehen, brauchen sie besonders viel Wasser. Dann sollte bei trockenem Wetter gut gewässert werden.

Tipp Blüten und junge Hülsen werden abgeworfen, wenn es zu heiß oder zu trocken ist. Gegen Ersteres hilft nur ein anderer Standort im kommenden Jahr, gegen Zweiteres Gießen.

Helfen Sie den ersten Bohnenranken und legen Sie sie an die Maisstängel. Kappen Sie die Bohnenranken, wenn sie die 2-Meter-Marke überschreiten. Dadurch verzweigen sie sich und die Bohnen wachsen in Pflückhöhe. Ernten Sie regelmäßig die jungen Bohnen. Das fördert die Blütenbildung und damit auch die Bildung neuer Hülsen.

Bei hohen Stangenbohnen ist eine zusätzliche Rankhilfe empfehlenswert, denn die Ranken sind besonders im Spätsommer, wenn sie viele Blätter und Früchte tragen, sehr schwer. Auch nach längerem Regen und bei hoher Feuchtigkeit sind die Ranken schwer und können den Mais umreißen. Man kann den Bohnen auch von Anfang an ein Rankgerüst zum Wachsen geben. Zusätzliche Kletterhilfen sollten mindestens 2 Meter über den Boden ragen und gut im Boden verankert sein.

Düngen

Stangenbohnen bilden im Laufe der Saison viele, viele Blätter und Hülsen. Darum brauchen sie mehr Nährstoffe als die niedrigen Buschbohnen. Die Stangenbohnen werden daher als Mittelstarkzehrer eingestuft. Auch wenn sich die Bohnen mithilfe der Knöllchenbakterien gut selbst mit Stickstoff versorgen können, brauchen sie im ersten Jahr erst einmal eine Startdüngung mit Kompost, falls das Beet nicht im Herbst des Vorjahres mit Mist vorbereitet wurde. Zu Beginn der Blüte kann es dann eine zweite Gabe Kompost oder stickstoffarmen Algendünger geben.

Ab dem zweiten Jahr sind zusätzliche Düngemaßnahmen in der Regel nicht mehr notwendig, weil die Bohnenwurzeln und die anderen Pflanzenteile den Boden mit Stickstoff anreichern.

Wie leben die Bohnen mit den Knöllchenbakterien zusammen?

Bohnen sind in der Lage, sich selbst mit Stickstoff zu versorgen. Das verdanken sie – wie andere Leguminosen auch – einem evolutionären Vorteil: An ihren Wurzeln leben Knöllchenbakterien, die den molekularen Luftstickstoff in pflanzenverfügbare Stickstoffverbindungen umwandeln. Die meisten Pflanzen können Stickstoff nur verwerten, wenn er in den chemischen Verbindungen Nitrat und Ammonium vorliegt, nicht jedoch als molekularen Stickstoff. Diese pflanzenverfügbaren Verbindungen werden von Mikroorganismen aus dem reinen, molekularen Stickstoff hergestellt. Zu diesen Mikroorganismen zählen auch Knöllchenbakterien, die mit verschiedenen Leguminosen in einer Symbiose leben.

Wie funktioniert das nun? Die Knöllchenbakterien der Art *Rhizobium* leben mit den Bohnen zusammen. Es gibt auch noch *Bradyrhizobium-* und *Sinorhizobium*-Bakterien, die mit anderen Leguminosen zusammenleben. Die Rhizobien kommen in fast jedem Boden vor. Wenn eine auf *Phaseolus*-Bohnen spezialisierte Rasse in die Wurzeln der Stangenbohne eindringt, lösen die Bakterien, begleitet durch die Aktivierung knöllchenspezifischer pflanzlicher Gene, die Bildung neuer Pflanzenzellen aus. Diese wachsen innerhalb von etwa 3 Wochen zu den äußerlich sichtbaren kugeligen Knöllchen heran. Über diese Knöllchen findet der Nährstoffaustausch statt: Die Pflanzen geben Kohlenstoffverbindungen, die sie über die Fotosynthese generieren, an die Bakterien ab. Diese stellen dafür Stickstoffverbindungen in Form von Ammonium bereit. Dieser Extra-Zugang zu Stickstoff macht die Bohnen vor allem auf mageren, nährstoffarmen Böden oder in der Mischkultur mit Starkzehrern unabhängig. Ist durch reichlich Düngung jedoch genügend Stickstoff im Boden vorhanden, bilden sich weniger Knöllchen und es wird zunächst der Bodenstickstoff verbraucht. Gibt es keine oder nur wenig Knöllchenbakterien im Boden, sind die Bohnen auf den Bodenstickstoff angewiesen. Ist der Boden dann arm an Nährstoffen, zeigen die Bohnen typische Mangelsymptome wie gelbliche Aufhellung der Blätter und kümmerliches Wachstum.

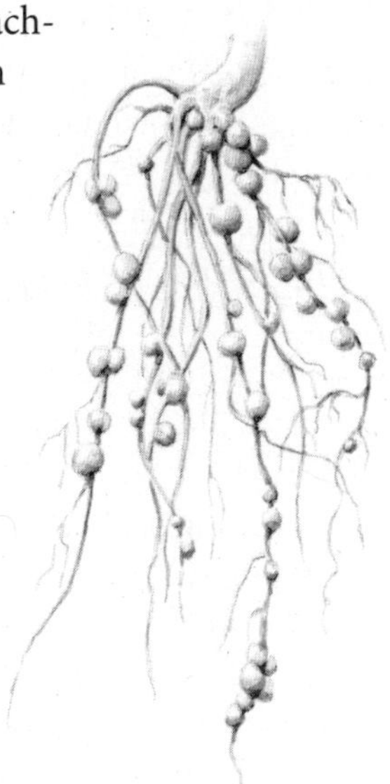

stickstoffsammelnde Knöllchenbakterien an Bohnenwurzeln

Wir Gärtner nutzen die Symbiose mit den Knöllchenbakterien zum Beispiel, wenn wir Leguminosen wie Klee oder Lupinen als Gründüngung auf Beete ausbringen. Die Leguminosen speichern den Luftstickstoff in ihren Wurzeln und Blättern. Werden sie dann gemäht und in den Boden eingearbeitet, reichern sie den Boden mit bis zu 200 Kilogramm pflanzenverfügbarem Stickstoff pro Hektar an! Der steht dann den Folgekulturen zur Verfügung. Das spart ganz schön viel Dünger!

Nicht nur Bohnen und Co. leben mit stickstoffsammelnden Bakterien zusammen. Erlen, Ölweiden und Sanddorn sind eine Verbindung mit *Frankia*-Bakterien eingegangen.

Schädlinge und Krankheiten

Leider machen Schädlinge und Krankheiten den Bohnen an manchen Standorten und in manchen Jahren sehr zu schaffen. Wählen Sie deshalb bei bekannter Empfindlichkeit gegenüber Pilzerkrankungen wie Brennfleckenkrankheit und Bohnenrost resistente Sorten. Feuerbohnen sind von Hause aus robuster und weniger anfällig als Gartenbohnen.

Bohnenrost

Dieser Pilz tritt vorwiegend an Stangenbohnen auf. Die ersten Symptome, kleine, weiße Pusteln auf den Blättern, werden meist übersehen. Auffälliger sind die rostbraunen Pusteln, die im Sommer auf Blättern, Stängeln und Hülsen entstehen. Bei feuchtwarmem Wetter breitet sich die Krankheit schnell aus. Vorbeugend werden befallene Pflanzen entfernt, jedoch nicht kompostiert oder als Mulch liegen gelassen. Die Bohnenstangen werden mit hochprozentigem Alkohol desinfiziert.

Brennfleckenkrankheit

Dieser Pilz fühlt sich vor allem in dichten Buschbohnenbeeten wohl, weniger in den luftigen Stangenbohnenbeständen. Trotzdem kann er auch dort auftreten. Auf Blättern, Stängeln und Hülsen entwickeln sich eingesunkene, runde, braune Flecken mit einem deutlich dunkleren Rand. Die Hülsen sind nicht mehr brauchbar. Bei feuchtem Wetter können sich die Pilzsporen schnell ausbreiten. Die Krankheit wird auch durch Saatgut übertragen. Verwenden Sie deshalb keine kranken Samen, auf denen sich eingesunkene, dunkle Flecken befinden. Entfernen Sie gründlich krankes Bohnenlaub, geben Sie es aber nicht auf den Kompost oder als Mulch auf das Beet. Eine dreijährige Anbaupause nach Auftritt der Krankheit sollte eingehalten werden.

Fettfleckenkrankheit

Noch seltener werden Stangenbohnen von der bakteriellen Fettfleckenkrankheit befallen. Vor allem auf Buschbohnen sieht man bei feuchtem Wetter dann kleine, braune, von einem gelblich grünen Hof umgebene Flecken auf den Blättern und Stängeln. Auf den Hülsen entstehen fettige, teils glasige Stellen. Entfernen Sie kranke Pflanzen sofort, bringen Sie sie nicht auf den Kompost. Bauen Sie auf dem Beet für mindestens 3 Jahre keine Bohnen an. Diese Krankheit kommt meist über krankes Saatgut in den Garten. Achten Sie deshalb vor allem beim Selbstsammeln und bei der Aussaat von getauschtem Saatgut darauf, dass die Samen keine eingesunkenen, braunen Stellen haben.

Bohnensaatenfliege

Die weißlichen Larven der Bohnensaatenfliege fressen an den frisch aufgelaufenen Pflanzen und zerstören die Keimblätter und den Vegetationspunkt. Die Folge: Die Bohnen gehen nur unregelmäßig auf und die Keimblätter sind angefressen. Solchermaßen beschädigte Sämlinge sollten mit den Maden entfernt werden (nicht auf den Kompost bringen). Vorbeugend werden nach der Aussaat Insektenschutznetze gespannt, denn die Weibchen legen ihre Eier an die Samen ab. Säen Sie die Bohnen nicht zu früh ins Beet. Denn wenn der Boden kühl und nass ist, brauchen die Samen zu lange, bis sie aufgehen, und sind dann anfällig für die Bohnensaatenfliege (Saatenfliegen ernähren sich von den Bakterien, die an den langsam keimenden Samen wachsen, dringen manchmal auch in die Samen ein; bei schnellem Wachstum verkraften die Pflanzen diese marginalen Fraßschäden). Oder die Bohnen werden in Töpfen vorgezogen. Bei starker Belastung sollten die Bohnen nicht auf Beeten wachsen, in denen vorher Spinat und Kartoffeln standen, denn diese sind ebenfalls Wirte der Bohnensaatenfliege. Die Bohnensaatenfliege bringt mehrere Generationen im Jahr hervor, von denen die erste im Frühjahr den größten Schaden anrichtet.

Schwarze Bohnenlaus

Die Schwarze Bohnenlaus besiedelt ab Juni Blätter und Triebe in dichten Kolonien. Die Blätter sind deformiert, Hülsen verkrüppeln und Blüten fallen ab. Vorbeugend sollten die Pflanzen gestärkt werden, indem sie ausgewogen ernährt und bei Trockenheit gewässert werden. Bei zeitiger Aussaat bis Anfang Juni sind die Pflanzen schon kräftig, wenn die Blattläuse zuwandern. Die ersten Läuse können mit einem scharfen Wasserstrahl abgespült werden. Bei starkem Befall werden besiedelte Partien herausgeschnitten oder die Bohnenpflanzen mit einem nützlingsschonenden Präparat behandelt. Letzteres ist selten notwendig, denn die Blattläuse werden meist von nützlichen Insekten wie Florfliegen, Schwebfliegen und Marienkäfern in Schach gehalten.

Speisebohnenkäfer

Der Speisebohnenkäfer schädigt Trockenbohnen und Saatgut. Meist legen die Weibchen ihre Eier noch an der Pflanze in die aufgeplatzten, reifen Hülsen oder in die zum Nachtrocknen ausgelegten Hülsen. Die Larven bohren sich in die Samen ein und besiedeln während der Lagerung eine Bohne nach der anderen und machen sie unbrauchbar. Erst wenn man die Bohnen verwenden möchte, sieht man die runden »Fenster« und Ausbohrlöcher. Dem Käferbefall kann man vorbeugen: Lassen Sie die reifen Hülsen nicht zu lange an der Pflanze hängen. Nach der Ernte trocknet man sie am besten unter einem Vlies nach. Die Gefäße, in denen die Trockenbohnen lagern, sollten dicht verschlossen werden. Bereits befallenes Saatgut kann mindestens 3 Tage bei minus 20 °C eingefroren werden. Das tötet die Käferlarven und das Saatgut bleibt keimfähig, wenn es vorher gut getrocknet war. Nun können die zerstörten Bohnen aussortiert werden.

Ernten

Ab August werden regelmäßig die jungen Bohnenhülsen durchgepflückt. Zum einen sind sie jetzt besonders zart, zum anderen wird die Pflanze dadurch angeregt, neue Blüten zu bilden. Sind die Bohnenhülsen mal größer geworden und zeichnen sich die Bohnenkerne schon ab, können die Hülsen trotzdem noch geerntet und die Bohnenkerne ausgepalt werden. Die Hülsen selbst sind schon zu zäh. Sie wandern als Mulch auf das Beet zurück.

Wenn die ausgewachsenen Bohnenhülsen trocken und leicht brüchig sind, können sie für Trockenbohnen geerntet werden. Lassen Sie die Hülsen noch ein paar Tage nachtrocknen, bevor Sie die Samen herauslösen.

Tipp Nach der Ernte bleiben die Wurzeln mit den Knöllchenbakterien im Boden, das gesunde Laub bleibt als Abdeckung auf dem Beet liegen und wird im kommenden Frühjahr eingearbeitet.

► **Gut zu wissen:** Rohe Bohnen sind giftig! Sie enthalten den giftigen Stoff Phasin, der erst durch Erhitzen oder Milchsäuregärung zerstört wird. Grüne Bohnen und Trockenbohnen sollten deshalb immer gut gegart werden. ■

Konservieren

Grüne Bohnen bleiben bis zu 3 Tage nach der Ernte frisch, wenn sie in ein feuchtes Tuch eingeschlagen in den Kühlschrank gelegt werden.

Trockenbohnen

Bevor die trockenen Bohnensamen in gut verschließbaren Gläsern eingelagert werden, kontrolliert man sie noch einmal auf Pilz- oder Käferbefall. Alle beschädigten Samen werden entfernt. Kühl, dunkel und trocken gelagert, halten sich Bohnen bis zu einem Jahr. Auch danach sind sie nicht schlecht. Doch je länger sie gelagert werden, desto mehr Wasser verlieren sie, das durch Einweichen und Kochen wieder zugeführt werden muss. Deshalb verlängert sich die Kochzeit alter Samen deutlich. So bereiten Sie die Trockenbohnen zum Kochen vor:

- Die Bohnen werden mit Wasser abgespült und in der dreifachen Menge Wasser bis zu 12 Stunden eingeweicht. Dabei werden sie doppelt bis dreimal so groß. Durch das Einweichen verkürzt sich die Garzeit und die Hülsenfrüchte sind besser verträglich. Das Einweichwasser wird weggegossen. In frischem Wasser werden die Bohnen nun 60 bis 90 Minuten weich gekocht, Feuerbohnen brauchen manchmal noch länger.

Tipp Wenn es mal schnell gehen soll, kocht man die Bohnen in einem Schnellkochtopf. Bis zu ein Drittel der Zeit, also bis zu einer halben Stunde, kann man so einsparen.

❊ Bohnen einfrieren

Um grüne Bohnen einzufrieren, die Bohnen putzen und breite oder lange Bohnen in kleinere Stücke schneiden. Die Bohnen etwa 5 Minuten blanchieren, in Eiswasser abschrecken und gut abgetrocknet einfrieren. Im Tiefkühlgerät halten sich die Bohnen etwa 6 Monate. Gegarte Trockenbohnen können ebenfalls eingefroren werden. Sie halten sich bis zu 6 Monate.

❊ Grüne Bohnen milchsauer einlegen

In manchem Keller oder auf dem Dachboden finden sich noch die alten Gärtöpfe aus Keramik, in denen früher Bohnen, Sauerkraut oder Gurken in Salzlake eingelegt wurden. Man erkennt sie an der Wasserrinne an der Öffnung. Heute spielt diese Art der Konservierung zu Hause keine Rolle mehr. Da aber Experimentieren Spaß macht, gibt es hier eine Anleitung für die Zubereitung saurer Bohnen:

5 kg Bohnen,
am besten die flachen, schräg in schmale Scheiben geschnitten
70 g Salz
60 g Zucker
100 g frische Petersilie
20 g frisches Bohnenkraut

- Die rohen, geschnittenen Bohnen mit Salz und Zucker mischen und mit den ungeschnittenen Kräutern in einen Gärtopf einschichten. Fest drücken, Wasser in die Rinne füllen und den Deckel auflegen. Die ersten 10 Tage bei 18 °C zum Gären bringen, gelegentlich Schaum abschöpfen. Dann mit klarer Salzlake bedecken (siehe Seite 111). Bei 0 bis 10 °C lagern oder in Einweckgläser umfüllen und 30 Minuten bei 85 °C einkochen.

❊ Gären ohne Gärtopf

Wer keinen Gärtopf hat, kann das Rezept für die milchsauren Bohnen (siehe Seite 109) auch in einem großen Einweckglas ausprobieren. Dafür wird das Rezept auf das Fassungsvermögen des Glases (am besten ein Bügelglas) umgerechnet.

- Das Glas wird vorher ausgekocht. Aus 250 Milliliter kochendem Wasser und 7 Gramm Salz wird eine Lake hergestellt. Es wird so viel Gemüse klein geschnitten, wie in das Glas passt. Das Gemüse wird mit den Kräutern und Gewürzen möglichst lückenlos ins Glas geschichtet und leicht fest gedrückt. Das Glas sollte zu etwa vier Fünftel gefüllt sein, nicht mehr! Nun wird die kalte Lake über das Gemüse gegossen, bis sie 2 Zentimeter über dem Gemüse steht.
- Das Glas wird nicht zu fest verschlossen und auf einen tiefen Teller gestellt (fängt die Lake auf, falls sie beim Gären überläuft). Bei Zimmertemperatur beginnt es bald zu gären, erkennbar an vielen Bläschen. Nach einer Woche das Glas bei 16 °C kühler stellen und nachgären lassen. Nach 5 Wochen ist das Gemüse genussfertig.

Nach der Gärung können die milchsauer eingelegten Bohnen in Einweckgläser umgefüllt, mit Sud übergossen und eingekocht werden.

Wie funktioniert die Milchsäuregärung?

Weißkohl, Gurken, Bohnen und andere Gemüse wurden früher in vielen Haushalten in Salzlake eingelegt. Die Salzlake setzt die natürliche Milchsäuregärung in Gang, bei der Milchsäurebakterien Kohlenhydrate in Milchsäure und Kohlenstoffdioxid umwandeln. Andere Mikroorganismen finden in dem salzigen, sauerstoffarmen Gemisch keine Lebensgrundlage. Nach einigen Wochen ist das Gemüse mürbe, pikant säuerlich und lange haltbar.

Frühere und heutige Selbstversorger verwenden Gärtöpfe mit einer Wasserrinne am oberen Rand. Wird Wasser in die Rinne gefüllt und der Deckel aufgelegt, kommt keine Luft mehr ans Gemüse im Topf. Die entstehenden Gärgase können jedoch austreten. So wird verhindert, dass sich unerwünschte Mikroorganismen wie Schimmelpilze und Kahmhefen auf dem Gärgut ansiedeln. Diese Spezialtöpfe gibt es ab 5 Liter Fassungsvermögen aufwärts.

Wie es gemacht wird, findet man zum Beispiel in alten Büchern der Hauswirtschaft, so auch dieses Grundrezept für einen 5-Liter-Gärtopf: Pro Kilogramm Gemüse nimmt man 10 bis 15 Gramm Salz. 3,5 Kilogramm klein geschnittenes Gemüse, Salz und nach Wunsch Kräuter werden gründlich miteinander vermischt und in den Gärtopf geschichtet, dabei wird jede Lage fest mit den Fäusten oder mit einem Stößel zusammengedrückt. Es werden so viele Lagen eingefüllt, bis das Gemüse 10 Zentimeter unter dem Rand steht. Dann wird Wasser in die Rinne gefüllt und der Deckel aufgelegt. Auf das Gärgut kann auch noch ein passendes Gewicht aus Holz oder Steingut gelegt werden, welches das Gemüse daran hindert, aufzusteigen.

Nach wenigen Stunden hat sich Flüssigkeit gebildet, die etwa 1 Zentimeter über dem Gemüse stehen sollte. Wenn nicht, wird mit kalter Salzlake aufgefüllt. Dafür werden 15 Gramm Salz in 1 Liter Wasser aufgekocht. Während der ersten 10 Tage steht der Topf bei Zimmertemperatur. Kohlendioxid steigt auf, es bilden sich Bläschen und Schaum. Der Schaum wird täglich abgeschöpft. Danach wird der Topf kühler bei etwa 16 °C aufgestellt. Jetzt kann das Gemüse weitergären und dabei reifen. Nach 3 bis 6 Wochen kann probiert werden. Wenn der Geschmack passt, wird der Topf bei 0 bis 10 °C über Winter gelagert. Entnommen wird immer so viel, wie verbraucht wird. Dabei sollte der Topf nicht zu häufig geöffnet werden, weil sonst Mikroorganismen einwandern können, die das Gärgut verderben könnten.

Rezepte mit den Drei Schwestern

Vorspeisen

Gefüllte Kürbisblüten

Ab Juli liefern Kürbis- und Zucchinipflanzen überreich Blüten. Die gerade geöffneten Blüten werden am besten schon morgens geschnitten. Es eignen sich sowohl männliche als auch weibliche Blüten. Stempel und Staubgefäße werden vorsichtig aus den Blüten entfernt. Jetzt sind sie bereit, gefüllt zu werden, zum Beispiel mit Kräuterfrischkäse.

Mit einem Spritzbeutel werden die Blüten etwa zur Hälfte mit Frischkäse gefüllt. Die Blütenblätter schließt man über der Füllung und dreht sie vorsichtig an der Spitze zusammen. Mit Frischkäse gefüllte Kürbisblüten können gleich roh gegessen werden oder man verfeinert sie weiter, zum Beispiel, indem sie wenige Sekunden in heißem Öl frittiert, in Butter kurz angebraten oder in einer gebutterten Auflaufform 20 Minuten bei 180 °C im Backofen gebacken werden.

Tipp Für die Füllung zum Beispiel 125 g Frischkäse mit 1 EL Olivenöl, 3 EL frisch gehacktem Basilikum, jeweils 1 EL frisch gehacktem Majoran und Thymian sowie klein gezupften Borretschblüten oder abgezupften Blütenblättern von Ringelblumen vermischen. Mit Salz, frisch gemahlenem Pfeffer und einer Prise Muskat abschmecken.

❊ Weiße Bohnen in Tomatensauce

Das ist eine beliebte Vorspeise im mediterranen Raum. Meist wird sie mit »Gigantes«, weißschaligen Feuerbohnen, zubereitet. Für dieses Rezept können jedoch genauso gut die kleineren Gartenbohnen verwendet werden. Der Vorteil: Deren Garzeit ist beträchtlich kürzer.

Für 4 bis 6 Portionen

300 g getrocknete Bohnenkerne
Wasser zum Einweichen und Garen der Bohnen
1 Zwiebel
2 große Tomaten
1 – 2 EL Olivenöl
1 EL Tomatenmark
Salz
Pfeffer, frisch gemahlen
3 frische oder getrocknete Zweige Thymian

- Die Bohnen über Nacht in Wasser einweichen. Nach der Einweichzeit das Wasser abgießen und die Bohnen in frischem Wasser 90 Minuten oder länger kochen, bis die Kerne so weich sich, dass sie sich leicht mit einer Gabel zerdrücken lassen.
- In der Zwischenzeit die Tomatensauce zubereiten. Dafür die Zwiebel schälen und ebenso wie die Tomaten klein schneiden. Zwiebel und Tomaten im Öl anschwitzen. Tomatenmark, Salz und Pfeffer, Thymianzweige hinzufügen und die Sauce so lange auf kleiner Flamme köcheln lassen, bis sie eingedickt ist. Thymianzweige entfernen.
- Die Bohnen abgießen und unter die heiße Tomatensauce mischen.

❊ Kürbisschnecken

Die Kürbisschnecken sind ein schnell zubereiteter, pikanter Snack für Kürbis-Liebhaber und fleißige Herbstgärtner.

Für 4 bis 6 Portionen

1 kleine Zwiebel
1 Apfel (rund 200 g)
350 g Kürbisfruchtfleisch, z. B. Muskatkürbis
1 frische Chilischote
1 TL Fenchelsamen, zerstoßen
1 EL Rapsöl
Salz
Pfeffer, frisch gemahlen
60 g gesalzene und geröstete Erdnüsse, grob gehackt
1 Paket Blätterteig aus dem Kühlregal

- Die Zwiebel schälen, den Apfel entkernen. Kürbis, Apfel und Zwiebel in kleine Würfel schneiden. Die Chilischote klein schneiden, nach Wunsch die Samen entfernen. Zerstoßene Fenchelsamen im Öl anrösten, Kürbiswürfel dazugeben und 3 bis 4 Minuten anbraten. Apfel, Zwiebel und Chili zugeben und 3 Minuten weiterdünsten. Mit Salz und Pfeffer abschmecken und die Nüsse unterheben. Die Füllung abkühlen lassen.
- Blätterteig ausrollen und die Füllung gleichmäßig darauf verteilen. Von der kurzen Seite her aufrollen, in etwa 2 cm breite Scheiben schneiden und die Scheiben auf ein mit Backpapier belegtes Blech legen. Im vorgeheizten Backofen bei 200 °C (Ober- und Unterhitze) 25 bis 30 Minuten goldbraun backen.

☼ Geröstete Kürbiskerne

Kürbiskerne fallen immer dann in rauen Mengen an, wenn man einem Kürbis zu Leibe rückt. Einfach wegwerfen, ist zu schade. Ich trockne die Kerne und röste sie nach Bedarf. Mit der folgenden Methode sind die Schalen der Kürbiskerne so zart, dass sie mitgegessen werden können.

2 Tassen Wasser (etwa 0,5 l)
1 TL Salz
1 Tasse getrocknete Kürbiskerne
1 – 2 EL Olivenöl
Gewürze nach Belieben,
z. B. Chilipulver, frisch gemahlener Pfeffer, Currypulver

- Das Wasser in einem Topf zum Kochen bringen, Salz und Kürbiskerne zufügen und etwa 10 Minuten kochen. Das Salzwasser macht die Schalen weich, gleichzeitig nehmen die Kerne den salzigen Geschmack an. Anschließend die Kürbiskerne mit einem Tuch etwas abtrocknen und mit dem Olivenöl und den Gewürzen in eine Schüssel geben. Das Öl mit den Händen in die Kerne einmassieren.
- Die so liebevoll eingeölten Kürbiskerne auf ein mit Backpapier belegtes Blech geben und im vorgeheizten Backofen 15 bis 20 Minuten bei 160 °C (Ober- und Unterhitze, keine Umluft) rösten, dabei ein- bis zweimal wenden. In den letzten 5 Minuten aufpassen, damit die Kerne nicht verbrennen.

❊ Maisfritters

Fritters sind amerikanische Pfannküchlein, in denen viel Gemüse mit einem dicken Eierkuchenteig vermischt wird. Varianten dieser Maisfritters können mit Zucchini, Kürbis, Erbsen und vielem mehr zubereitet werden.

Für 4 Portionen

2 Eier
8 EL Mehl (Weizenmehl Type 405 oder Dinkelmehl Type 630)
½ TL Salz
etwas Milch
1 TL Backpulver
eine Messerspitze gemahlener Kreuzkümmel
Chilipulver nach Geschmack
400 g frische Maiskörner
Butterschmalz oder Öl zum Ausbacken

- Eier verquirlen, Mehl und Salz unterrühren und so viel Milch zugeben, bis ein zähflüssiger Teig entstanden ist. Den Teig etwa 30 Minuten ruhen lassen. Dann Backpulver, die Gewürze und die Maiskörner unterheben.
- Butterschmalz oder Öl in einer Pfanne erhitzen und je 1 Esslöffel Teig pro Fritter bei mittlerer Hitze goldbraun von beiden Seiten ausbacken. Vorsicht: Die Pfanne darf nicht zu heiß sein, sonst verbrennen die Fritters, bevor sie innen gar sind.

Beilagen

❊ Gebackener Kürbis

Im Ofen gebackener Kürbis ist die Grundzutat für einige sehr leckere Gerichte: Brot, Gnocchi, Waffeln und vieles mehr. Dafür schneidet man den Kürbis in dicke Spalten, streicht sie mit Öl ein und legt die Spalten auf ein mit Backpapier ausgelegtes Backblech. Im vorgeheizten Backofen garen die Spalten bei 180 °C (Ober- und Unterhitze) etwa 30 Minuten. Je nach Rezept werden die Spalten gleich heiß weiterverarbeitet oder man lässt sie abkühlen. Das Fruchtfleisch wird von der Schale gelöst und mit einer Gabel zerdrückt, bis ein Püree entsteht.

Als Beilage werden die Kürbisspalten vor dem Backen mit Salz, Pfeffer, Kräutern wie Thymian und Rosmarin oder Gewürzen wie Koriander und Zimt bestreut.

✲ Kürbis-Ketchup

Nach Art eines Chutneys werden Kürbis, Zwiebeln und Gewürze so lange gekocht, bis ein dicker, feinstückiger Kürbis-Ketchup entstanden ist. Er eignet sich sowohl als Brotaufstrich als auch als herbstlicher Tomatenketchup-Ersatz.

Für 2 Gläser von jeweils 400 ml Volumen

300 g Fruchtfleisch von Hokkaido oder Butternuss
65 g Tomate
20 g Zwiebel
1 Knoblauchzehe
1 kleine frische Chilischote
½ TL Salz
1 TL Gewürzmix, z. B. asiatisches 5-Spice-Gewürz
40 ml Weißwein
25 ml Weißweinessig
30 g Zucker

Zum Nachgießen und Abschmecken:
Weißwein oder Wasser
Salz
Gewürzmix

- Kürbis und Tomate grob würfeln, Zwiebel und Knoblauchzehe schälen und fein würfeln. Chilischote klein schneiden. Alle Zutaten in eine große Pfanne oder in einen Topf mit großem Boden geben und zum Kochen bringen. Die Masse so lange bei mittlerer Hitze köcheln lassen, bis sie auf Ketchup-Konsistenz eingedickt ist. Dabei regelmäßig rühren, damit sie am Topfboden nicht anbrennt.
- Ist der Kürbis noch zu stückig, wenn die Flüssigkeit verdampft ist, kann noch Wein oder Wasser nachgegossen werden. Wenn alles musig ist, wird abgeschmeckt. Nochmals kurz aufkochen lassen und in heiß ausgespülte Gläser mit Deckel füllen. Der Kürbis-Ketchup hält sich ungeöffnet 2 bis 3 Monate im Kühlschrank.

❋ Bohnenmus

Pürierte weiße Bohnen sind, mit Sahne verfeinert, eine gute Beilage für Blattgemüse oder Paprikagemüse. Bohnenmus aus schwarzen Bohnen ist fest verankert in der mexikanischen Küche als Aufstrich oder Dip für Tortillas, Tacos und Nachos oder als »Frijoles Refritos« (gebratenes Bohnenmus).

Für 2 bis 4 Portionen

150 g getrocknete Bohnenkerne
Wasser zum Einweichen der Bohnen
2 Zwiebeln
2 Knoblauchzehen
1 frische Chilischote
1 kleiner Zweig frischer Thymian
4 EL Olivenöl
150 ml Wasser
Salz
Pfeffer, frisch gemahlen

- Bohnen über Nacht in Wasser einweichen. Zwiebeln schälen und würfeln, Knoblauch schälen und fein hacken, die Chilischote in feine Ringe schneiden. Thymian waschen und die Blätter abzupfen.
- Öl in einem Topf erhitzen. Zwiebeln, Thymian, Knoblauch und Chili darin andünsten. Die abgetropften Bohnen und das Wasser dazugeben, aufkochen und 1,5 bis 2 Stunden bei mittlerer Hitze köcheln lassen. Wenn die Bohnen weich sind, Topf vom Herd nehmen. Die Bohnen pürieren und das Püree mit Salz und Pfeffer abschmecken.

☼ Blitz-Kürbis

Zu diesem Rezept haben mich Blitz-Gurken inspiriert. Der Blitz-Kürbis schmeckt ein bisschen wie »Kürbis süßsauer«, die Kürbisstückchen sind jedoch viel knackiger. Mit diesen Gewürzen ist er eine schnelle Beilage für Gegrilltes oder ein Asia-Büfett.

Für 2 bis 4 Portionen

220 g Kürbisfruchtfleisch, z. B. Hokkaido
100 ml Weißweinessig
30 ml Wasser
2 EL Zucker
½ frische Chilischote
1 kleines Stückchen Zimtstange
2 Gewürznelken
1 Pimentkorn

- Den Kürbis in 1 bis 2 Zentimeter große Würfel schneiden und beiseite stellen. Essig, Wasser, Zucker, Chilischote am Stück und die Gewürze in einen Topf geben und aufkochen lassen. Die Kürbiswürfel in den Essigsud geben und noch einmal kurz aufkochen lassen. Anschließend den Topf vom Herd nehmen und den Kürbis im Sud abkühlen lassen. Damit es nicht zu scharf wird, die Chilischote entfernen, und den Kürbis im Sud servieren.

❊ Geschmorte grüne Bohnen

Die geschmorten Böhnchen schmecken gut zu Kartoffeln und Nudeln. Die Bohnen werden gleich in der Pfanne gegart, so umgeht man geschickt den Arbeitsschritt des Blanchierens.

Für 4 Portionen

1 kg grüne Bohnen
1 große Zwiebel
3 EL Rapsöl
2 Stängel frisches Bohnenkraut
etwas Wasser
Salz
Pfeffer, frisch gemahlen

- Die Bohnen putzen und lange Bohnen halbieren. Die Zwiebel schälen und fein würfeln. Das Öl in einer Pfanne erhitzen, die fein gewürfelte Zwiebel hinzufügen und kurz anschwitzen.
- Bohnenkraut und Bohnen zugeben, kurz anbraten und etwas Wasser in die Pfanne geben. Zugedeckt bei mittlerer Hitze 10 bis 15 Minuten dünsten, bis die Bohnen bissfest sind. Bohnenkraut entfernen und mit Salz und Pfeffer abschmecken.

☼ Gegrillte Maiskolben

Maiskolben, frisch geerntet und gegrillt, sind im Garten ein Genuss! Ungeduldige Gartengriller kochen den Mais zu Hause vor.

Maiskolben
Kräuterbutter oder Chilibutter

- Die Blätter von den Maiskolben zurückschlagen, aber nicht abschneiden. Kräuterbutter oder Chilibutter auf den Maiskolben verstreichen und die Blätter wieder um die Kolben legen.
- Die so vorbereiteten Maiskolben auf den heißen Grill legen und etwa 20 Minuten garen. Dabei öfter wenden.

Tipp Maiskolben ohne Blätter 20 Minuten in Wasser mit etwas Salz vorkochen. So verkürzt sich die Garzeit auf dem Grill um etwa 10 Minuten. Die Butter kann man auch auf den fertig gegrillten Maiskolben schmelzen lassen. Die Kolben benötigen auf dem Grill keine weitere Umhüllung.

❊ Salat aus grünen Bohnen

Der Bohnensalat schmeckt gut lauwarm und kalt. Als Variante können geviertelte Tomaten dazugegeben werden.

Für 4 bis 6 Portionen

1 kg Gartenbohnen, bunt gemischt,
z. B. Wachsbohnen, grüne und lila Bohnen, breite Bohnen
2 Zwiebeln
6 Stiele frisches Bohnenkraut
6 EL Weißweinessig
Zucker
Salz
Pfeffer, frisch gemahlen
3 EL Rapsöl

- Die Bohnen putzen, halbieren und in reichlich Wasser bissfest kochen. Nach 5 bis 7 Minuten abgießen und in kaltem Wasser abschrecken.
- Die Zwiebeln schälen und fein würfeln, das Bohnenkraut klein hacken. Den Essig mit etwas Zucker, Salz und Pfeffer und dem klein gehackten Bohnenkraut verquirlen und das Öl zugießen. Bohnen mit Zwiebeln und Marinade mischen und etwa 30 Minuten ziehen lassen.

❊ Mais-Bohnen-Salat

Dieser feinwürzige Bohnensalat macht sich gut auf dem Büfett oder als Beilage zu Reis oder Kartoffeln.

Für 4 Portionen

1 kleine Zwiebel
100 g Möhren
1 EL Rapsöl
1 EL flüssiger Honig
1 frische Chilischote
5 getrocknete Tomaten
4 EL Essig
Salz
Pfeffer, frisch gemahlen
150 g frischer Zuckermais oder aus der Konserve
250 g Bohnenkerne, gegart, z. B. weiße Riesenbohnen
10 Cherrytomaten
½ Bund Petersilie

- Zwiebel schälen und ebenso wie die Möhren in kleine Würfel schneiden. Zwiebel und Möhren zusammen im Öl andünsten. Honig zugeben und karamellisieren lassen. Chilischote und getrocknete Tomaten fein hacken, zugeben. Mit Essig ablöschen, aufkochen lassen und den Sud mit Salz und Pfeffer würzen. Nun Mais, Bohnen und geviertelte Cherrytomaten zugeben und abkühlen lassen.
- Petersilie fein hacken und unterrühren. Den Salat mindestens 2 Stunden ziehen lassen, dann nochmals kräftig mit Salz und Essig abschmecken.

Tipp Heben Sie nach dem Abkühlen eine kalte Sauce aus 100 g frischen Tomaten, die mit 1 frischen Chilischote und 1 Würfel kandiertem Ingwer püriert werden, unter. Das gibt dem Salat eine fruchtig scharfe Note.

☼ Kürbisbrot à la Pain Paillasse

Ein schnell gebackenes Brot, das durch den Kürbis schön gelb wird. Wichtig ist, dass der Teig kräftig und lange geknetet wird, denn er enthält nur wenig Hefe. Der Teig kommt über Nacht in den Kühlschrank, wo er langsam geht, und wird am nächsten Morgen gebacken.

Für 1 langes oder 2 kurze Baguettebrote

10 g frische Hefe
300 ml lauwarmes Wasser
500 g helles Mehl (Weizenmehl Type 405 oder Dinkelmehl Type 630)
1 ½ TL Salz
1 Prise Zucker
130 g gebackener Kürbis, zerdrückt (siehe Seite 120)
Mehl für die Arbeitsfläche

- Die Hefe in 150 ml lauwarmem Wasser auflösen. Mehl, Salz und Zucker in einer großen Schüssel vermischen und eine Mulde für das Kürbispüree formen. Erst das Kürbispüree und dann die in Wasser aufgelöste Hefe zugeben. Alle Zutaten zu einem glatten Teig verarbeiten, dabei das restliche Wasser nach und nach zugießen.
- Den Teig auf einer bemehlten Fläche etwa 5 Minuten kräftig weiterkneten, bis er nicht mehr klebt und eine seidig glatte Oberfläche hat. Den Teig zu einer Kugel formen, in eine große Schüssel legen (der Teig verdoppelt mindestens sein Volumen) und die Schüssel mit Frischhaltefolie abdecken. Damit die Folie nicht runterrutscht und der Teig austrocknet, fixiere ich die Folie mit einem großen Gummiband. Schüssel samt Teig 12 bis 16 Stunden, am besten über Nacht, in den Kühlschrank stellen.

- Am nächsten Morgen den schön aufgegangenen Teig aus der Schüssel nehmen. Nicht mehr kneten, sondern gleich zu einem Baguette auseinanderziehen und dabei gleichzeitig verdrehen, wie um ein Handtuch auszuwringen, um etwa drei Drehungen. Dadurch erhält das Brot seine urige Form.
- Den geformten Laib auf ein mit Backpapier belegtes Blech legen und im auf 230 °C (Ober- und Unterhitze) vorgeheizten Backofen auf der untersten Schiene 15 Minuten backen. Danach die Temperatur auf 200 °C herunterschalten und 15 Minuten weiterbacken. Dann das Brot aus dem Ofen nehmen und auf einem Gitterrost abkühlen lassen.

Hauptgerichte

☼ Kürbis-Mais-Bohnen-Chili

Dieser leckere, wärmende Eintopf vereint die Drei Schwestern. Er ähnelt der Zubereitung eines Chilis con oder sin carne. Das Besondere: Der getrocknete Zuckermais findet hier Verwendung. Wie Zuckermais getrocknet wird, steht auf Seite 73.

Für 4 Portionen

1 Tasse (250 ml Volumen) getrocknete Bohnenkerne,
z. B. Kidneybohnen oder schwarze Bohnen
Wasser zum Einweichen und Garen der Bohnen
1 Tasse (250 ml Volumen) getrockneter Zuckermais
heißes Wasser zum Einweichen der Maiskörner
400 g Kürbisfruchtfleisch, gern zur Hälfte Hokkaido und Butternuss
1 große Zwiebel
1 Kartoffel
1 Chilischote (mindestens …)
2 Dosen geschälte Tomaten (jeweils 240 g Abtropfgewicht)
½ TL Zimt
½ TL gemahlener Koriander
½ TL gemahlener Fenchel
1 Messerspitze Gewürznelke
1 Messerspitze Piment
Wasser zum Auffüllen

Zum Abschmecken:
Salz
Pfeffer, frisch gemahlen
Chilipulver

- Die Bohnen über Nacht in Wasser einweichen. Dann in frischem Wasser 1 bis 2 Stunden weich garen. Den Zuckermais 1 Stunde in heißem Wasser einweichen. Den Kürbis in 1 bis 2 Zentimeter große Würfel schneiden. Zwiebel und Kartoffel schälen und fein würfeln, die Chilischote fein hacken, je nach gewünschtem Schärfegrad mit oder ohne Kerne.
- Ist alles vorbereitet, die gekochten, abgetropften Bohnen, den abgetropften Mais, die übrigen Gemüsezutaten und die Gewürze in einen großen Topf geben und mit einer Tomatendose voll Wasser aufgießen. Alles aufkochen und dann 1 bis 2 Stunden köcheln. Mit Salz, Pfeffer und Chilipulver abschmecken.

Tipp Dazu passt Reis oder Dinkelreis.

☼ Bohnen-Nudel-Eintopf

Dieser Eintopf mit Trockenbohnen und Nudeln kann mit demjenigen Gemüse zubereitet werden, das gerade im Garten Saison hat. So schmeckt der Eintopf jedes Mal anders und immer wieder lecker!

Für 6 Portionen

250 g getrocknete Bohnenkerne
Wasser zum Einweichen und Garen der Bohnen
600 g Gemüse,
z. B. Möhren, Sellerie, grüne Bohnen, Erbsen, Zucchini, Tomaten
1 große Zwiebel
3 EL Rapsöl
1,8 l Gemüsebrühe
250 g kurze Nudeln
Salz
Pfeffer, frisch gemahlen
frische Kräuter

- Bohnen über Nacht in Wasser einweichen. Dann in frischem Wasser rund 90 Minuten gar kochen. Das Gemüse putzen und klein schneiden. Die Zwiebel schälen, fein würfeln und in einem großen Topf im Öl anschwitzen. Möhren, Sellerie und anderes »hartes« Gemüse dazugeben und mit andünsten. Mit der Brühe ablöschen. Nudeln zugeben und bei mittlerer Hitze 10 Minuten kochen lassen.
- Dann die »weicheren« Gemüse, die nicht so lange gekocht werden müssen, wie Zucchini und Tomaten, und die vorgegarten Bohnenkerne dazugeben und wenige Minuten mitgaren. Mit Salz und Pfeffer abschmecken und mit frisch gehackten Kräutern servieren.

❊ Kürbis-Flammkuchen

Nach Art eines Flammkuchens werden feine Kürbisspalten auf einer Crème-fraîche-Unterlage verteilt und zügig im Ofen gebacken.

Für 2 Backbleche

250 g Mehl (z. B. Weizenmehl Type 405)
Salz
10 g frische Hefe
1 Prise Zucker
etwa 100 ml Wasser
150 g Kürbisfruchtfleisch
1 kleine Zwiebel
100 g Crème fraîche
100 g Ziegenkäse oder Schafskäse
Pfeffer, frisch gemahlen

- Mehl und 1 TL Salz in einer Schüssel vermischen und eine Mulde formen. Hefe hineinbröckeln, Zucker und etwa 75 ml Wasser zugeben. Das Ganze zu einem glatten Teig verkneten, bei Bedarf kann noch Wasser zugeben werden. Den Teig abgedeckt etwa 30 Minuten an einem warmen Ort gehen lassen.
- Währenddessen den Kürbis zunächst in Spalten schneiden. Von diesen mit dem Sparschäler dünne Streifen abhobeln. Die Zwiebel schälen und ebenfalls in feine Streifen schneiden. Den Käse reiben oder zerkrümeln.
- Den Teig in zwei gleich große Portionen teilen, jeweils dünn ausrollen und auf mit Backpapier ausgelegte Backbleche legen. Crème fraîche mit etwas Salz (nicht mehr als 1 TL) und Pfeffer verrühren und dünn auf dem Teig verstreichen. Darauf Kürbisstreifen und Zwiebelstreifen verteilen, Käse darüberstreuen.
- Im vorgeheizten Backofen bei 225 °C (Ober- und Unterhitze) auf der untersten Schiene nacheinander 5 bis 10 Minuten backen.

❋ Ravioli mit Kürbis-Hirse-Füllung

Die Füllung für die selbst gemachten Ravioli kann gut mit übrig gebliebenem gebackenem Kürbis hergestellt werden. Anstelle des selbst gemachten Nudelteiges kann auch ein fertiger Frischteig aus dem Kühlregal verwendet werden.

Für 4 Portionen

Für den Nudelteig:
500 g Mehl (z. B. Weizenmehl Type 405)
1 TL Salz
2 Eier
180 ml Wasser
Mehl für die Arbeitsfläche

Für die Füllung:
300 g Kürbis, gebacken und zerdrückt (siehe Seite 120)
300 g Hirse, gegart (etwa 150 g roh)
50 g Käse, gerieben
Salz
Pfeffer, frisch gemahlen
Gewürze nach Belieben, z. B. Zimt

- Für den Nudelteig Mehl und Salz in einer Schüssel vermischen und eine Mulde für die Eier formen. Die Eier leicht mit dem Mehl verrühren. Nach und nach das Wasser zugießen und einen Teig herstellen. Auf einer bemehlten Arbeitsfläche den Teig so lange kneten, bis seine Oberfläche seidig ist. Dann den Teig abgedeckt 20 Minuten ruhen lassen.
- In der Zwischenzeit die Füllung herstellen: Den zerdrückten Kürbis mit der Hirse und dem Käse verrühren. Die Füllung mit Salz, Pfeffer und Gewürzen abschmecken.

- Den Teig portionsweise dünn ausrollen (eine Nudelmaschine leistet hier gute Arbeit!) und die Teigplatte in 3 × 3 Zentimeter große Quadrate schneiden. Je einen Teelöffel Füllung auf ein Quadrat setzen, jeweils die diagonalen Ecken der Quadrate über der Füllung zusammendrücken und die seitlichen Öffnungen gut verschließen.
- Wasser in einem großen Topf zum Kochen bringen, Salz zufügen und die Teigtaschen 3 bis 5 Minuten im Wasser kochen, bis sie oben schwimmen. Mit einem Sieblöffel entnehmen und zum Beispiel mit Salbeibutter oder Tomatensauce servieren.

Anhang

Pflanzenjauchen selbst gemacht

Brennnesseljauche und Beinwelljauche sind schnell wirkende Flüssigdünger, die während der Saison Futter für Kürbis und Mais bereitstellen.

✵ Brennnesseljauche

1 kg frisches Brennnesselkraut, zerkleinert,
oder 150 g getrocknetes Brennnesselkraut, zerkleinert
10 l kaltes Wasser

- Die frischen oder getrockneten Brennnesseln werden in ein großes Kunststofffass gegeben und mit kaltem Wasser, am besten Regenwasser, angesetzt. Diese Mischung lässt man eine Zeit lang offen stehen. Einmal am Tag wird die Flüssigkeit kräftig umgerührt. Das ist wichtig, denn so wird Sauerstoff zugeführt, der für die Zersetzung der Pflanzenteile wichtig ist. Bald beginnt die Mixtur zu gären, Schaum bildet sich. Die Jauche ist fertig, sobald kein Schaum mehr zu sehen ist und sie sich dunkel gefärbt hat. Bei warmem Sommerwetter geht es besonders schnell: Nach 10 bis 14 Tagen ist die Jauche fertig. Ist es kühler, kann der Zersetzungsprozess bis zu 3 Wochen dauern.
- Für die beiden Starkzehrer Mais und Kürbis wird die Brennnesseljauche im Verhältnis 1:10 mit Wasser verdünnt. Für alle anderen Gemüse wird sie im Verhältnis 1:20 verdünnt. Sie kann zweimal bis dreimal während der Saison in den Wurzelbereich gegeben werden.

Tipp Finden sich partout keine oder nicht genügend frische Brennnesseln für einen Ansatz, können Sie getrocknete Blätter in Apotheken oder Kräuterläden kaufen. Im Gartenfachhandel gibt es auch Brennnesselpulver für den Ansatz von Jauche und Brühe.

❊ Beinwelljauche

1 kg frische Beinwellblätter und Beinwellstängel (keine Wurzeln), zerkleinert, oder 150 g getrocknete Beinwellblätter (nur Blätter), zerkleinert
10 l kaltes Wasser

- Die Beinwelljauche wird wie die Brennnesseljauche hergestellt, dann im Verhältnis 1:10 mit Wasser verdünnt und in den Wurzelbereich der Pflanzen gegossen. Während der Saison sind zwei bis drei Gaben möglich.

Tipp Beinwell ist auch als Pulver zur Herstellung von Beinwelljauche im Gartenfachhandel erhältlich.

Pflanzenstärkungsmittel selbst gemacht

❊ Ackerschachtelhalmbrühe

1 kg frisches Ackerschachtelhalmkraut, zerkleinert,
oder 150 g getrocknetes Ackerschachtelhalmkraut, zerkleinert
10 l kaltes Wasser

- Das Ackerschachtelhalmkraut wird 24 Stunden im kalten Wasser eingeweicht. Am nächsten Tag wird der Ansatz aufgekocht und auf niedriger Flamme 30 Minuten leise geköchelt. Wenn die Brühe abgekühlt ist, wird sie abgeseiht.
- Die fertige Brühe wird im Verhältnis 1:5 mit Wasser verdünnt und ab dem Laubaustrieb alle 2 bis 3 Wochen auf die Blätter und Triebe pilzanfälliger Pflanzen gesprüht.

Tipp Ackerschachtelhalm gibt es auch getrocknet in Kräuterläden oder als gebrauchsfertige Ackerschachtelhalm-Extrakte.

❊ Knoblauchtee

10 g frische Knoblauchzehen, zerkleinert
1 l kochendes Wasser

- Die Knoblauchzehen werden mit dem kochenden Wasser überbrüht. Der Tee sollte etwa 5 Stunden abgedeckt ziehen. Danach seiht man den Tee ab und sprüht ihn unverdünnt wöchentlich auf Blätter und Triebe pilzanfälliger Pflanzen. Der Tee sollte für jede Behandlung neu angesetzt werden.

Bodenproben entnehmen

Bodenanalysen geben Aufschluss über den Nährstoffgehalt im Boden. Sie können jederzeit während der Gartensaison entnommen und beauftragt werden, am besten aber im Spätherbst. Die Bodenproben werden pro Nutzungsbereich entnommen, zum Beispiel für Gemüsegarten, Beerenobst, Staudenbeet und Rasen. Mit einem Spaten wird an der Probenstelle zunächst ein Spatenstich Erde herausgehoben. Diese erste Probe wird verworfen. An der möglichst glatten Einstichstelle wird eine 2 Zentimeter dicke Scheibe Erde spatentief abgestochen und herausgenommen, aber noch auf dem Spatenblatt belassen. Davon wird nun mit einer Handschaufel ein 3 bis 4 Zentimeter breiter (etwa 25 Zentimeter langer) Streifen abgenommen und in einen Eimer gegeben. So verfährt man weiter 10 bis 15 Mal im ausgewählten Gartenbereich (zum Beispiel im Gemüsegarten). Die einzelnen Proben werden dann gut vermischt und etwa 500 g von dieser Mischung in einen Gefrierbeutel gefüllt. Der Beutel wird gut verschlossen. Vor dem Einfüllen notieren Sie auf dem Etikett Ihre Adresse, Nutzungsart des Bodens (zum Beispiel Gemüsegarten) und die gewünschte Untersuchung (zum Beispiel »Standard«). Legen Sie dem Paket mit der Bodenprobe (am besten ist eine Luftpolstertasche geeignet) auch einen formlosen Untersuchungsauftrag bei, in dem dieselben Angaben wiederholt werden. Für die Düngeempfehlung ist es außerdem wichtig, dass Sie angeben, ob Sie im letzten Jahr Kompost gegeben haben oder nicht. Eine Bodenuntersuchung ist etwa alle 5 Jahre sinnvoll.

Bodenuntersuchungslabore

VDLUFA – Verband Deutscher Landwirtschaftlicher
Untersuchungs- und Forschungsanstalten e. V.
c/o LUFA Speyer
Obere Langgasse 40
67346 Speyer
www.vdlufa.de

Düngemengen von Stickstoff berechnen

Stickstoff ist einer der wichtigsten Pflanzennährstoffe. Das ist bekannt. Oft wird er ohne viel nachzudenken in Form von Kompost, Mist, Jauche, Hornspänen oder organischen Volldüngern aufs Beet gegeben. Manchmal auch alles auf einmal. Das ist viel zu viel und der Stickstoff wird ungenutzt ausgewaschen. Doch wie düngt man richtig?

Da hilft es, sich vorzustellen, dass in einem gut gepflegten Gartenboden immer Nährstoffe vorhanden sind. Sie sind noch von der letzten Düngung übrig oder durch den Abbau von Wurzeln, Blättern und anderer organischer Substanz in den Boden gelangt. Man unterscheidet deshalb zwischen dem Nährstoffbedarf der Pflanze und dem eigentlichen Düngebedarf, der die im Boden vorhandenen Nährstoffe berücksichtigt.

Um herauszufinden, wie viel Stickstoff noch im Boden gespeichert ist, gibt es die Stickstoffbilanzierung. Darin gehen der Stickstoffbedarf der angebauten Pflanzen und die Stickstoffreserven im Boden ein. Letztere unterteilt man in pflanzenverfügbar und nicht pflanzenverfügbar. Der mineralisierte, für die Pflanzen verfügbare Stickstoff kann im Frühjahr mit einem Nitratschnelltest gemessen werden. Der Schnelltest gibt zwar nur eine Größenordnung an, die reicht aber für unsere Zwecke aus. Die Mineralisierungsrate während der Saison wird anhand des Humusgehaltes geschätzt. Der Stickstoff wird mit seiner Abkürzung N dargestellt.

So sieht die Formel für die Stickstoffbilanz aus

  N-Bedarf der Pflanze
– N-Gehalt des Bodens zu Kulturbeginn
– N-Nachlieferung aus dem Boden während der Kultur
= Düngebedarf

entspricht:

  Wert aus Tabelle
– Nitratschnelltest
– Humusgehalt, geschätzt oder gemessen
= N-Menge, umgerechnet in Dünger

So sieht das am Beispiel von Zuckermais aus: Zuckermais benötigt für optimales Wachstum 16 g Stickstoff (N) pro Quadratmeter. Davon werden der gemessene Stickstoffgehalt zu Kulturbeginn und die geschätzte Stickstoffnachlieferung abgezogen. Nach der Formel fehlen noch 4 g Stickstoff pro Quadratmeter, die über eine Düngung nachgeliefert werden müssen:

  16 g N/m²
– 5 g N/m²
– 7 g N/m², bei Kultur Anfang Mai bis Mitte August, Wochen summiert

= 4 g N/m²

Noch nicht berücksichtigt sind allerdings Bodenverbesserungsmaßnahmen wie Kompost und Gründüngung und auf dem Beet verbliebene Pflanzenrückstände, die ebenfalls Stickstoff nachliefern.

So bestimmt man die einzelnen Werte

1. Stickstoffbedarf der Gemüsearten

Den Stickstoffbedarf der einzelnen Gemüsearten kann man der nebenstehenden Tabelle entnehmen.

2. Stickstoffgehalt zu Kulturbeginn

Der mineralisierte, also pflanzenverfügbare Stickstoff (Nmin) im Boden wird im Frühjahr oder vor Kulturbeginn mit einem Nitratschnelltest bestimmt. Mithilfe einer Farbskala teilt man den Stickstoffgehalt in Gehaltsklassen ein. Ein niedriger Gehalt von unter 5 g/m² erfordert eine Startdüngung, Gehalte über 5 g/m² nicht. Kritisch ist ein Nmin-Gehalt von über 10 g/m², denn dann können die Jungpflanzen den Stickstoffvorrat zu Kulturbeginn aufgrund ihres geringeren Bedarfs nicht nutzen und es besteht die Gefahr der Auswaschung ins Grundwasser. Ein gut mit Kompost und Mulch versorgter Boden liegt meist im Bereich von 5 g/m². Machen Sie aber dennoch einen Nitratschnelltest.

Stickstoffbedarf von Gemüsearten

Gemüseart	Stickstoffbedarf in g N/m²
Aubergine	17
Batavia	15
Blumenkohl	22
Brokkoli	22
Buschbohne	11
Chinakohl	21
Endivien	19
Erbse	16
Eichblatt	14
Feldsalat	8
Fenchel	18
Grünkohl	20
Gurke, Freiland	19
Gurke, Gewächshaus	30
Kartoffel	23
Kohl	27
Kohlrabi	23
Kopfsalat	15
Kräuter	12
Kürbis	**23**
Mangold	12
Möhre	13
Paprika	17
Pastinake	13
Petersilie, Wurzel-	13
Pflücksalat	13
Porree	23
Radicchio	14
Radieschen	9
Rettich	15
Rhabarber	18
Romanasalat	14
Rosenkohl	30
Rote Bete	16
Rotkohl	22
Rucola	15
Salate	15
Schwarzwurzel	13
Sellerie, Knollen-	20
Sellerie, Stangen-	16
Spargel	10
Spinat	17
Stangenbohnen	**21**
Tomate, Freiland	20
Tomate, Gewächshaus	35
Weißkohl	27
Wirsing	30
Zucchini	20
Zuckerhut	16
Zuckermais	**16**
Zwiebel	13

Die fett gedruckten Gemüse sind unsere Drei Schwestern.

3. Stickstoffnachlieferung während der Saison

Die meisten Gartenböden haben einen Humusgehalt von über 4 Prozent, sie sind stark humos. Im Vergleich dazu sind landwirtschaftlich genutzte Flächen mäßig humos mit einem Humusgehalt von 1,5 – 4 Prozent. Dass in Gartenböden so viel mehr Humus enthalten ist, liegt vermutlich an der regelmäßigen Gabe von Kompost, Stallmist und anderen Bodenverbesserungsstoffen. Durch den Abbau des Humus werden erhebliche Mengen Stickstoff freigesetzt, die bei der Berechnung der Düngergaben berücksichtigt werden müssen. Im Extremfall reicht der Stickstoffgehalt sogar aus, ohne dass die Pflanzen noch einmal zusätzlich gedüngt werden müssen.

Bei Böden, die gut mit Humus versorgt sind, kann man von einer **Nmin-Nachlieferung von etwa 10 g/m²** im Zeitraum von März bis Oktober ausgehen. Je wärmer der Boden ist, desto mehr Stickstoff steht den Pflanzen zur Verfügung. Im Sommer wird pro Woche etwa 0,6 g N/m² nachgeliefert, im Frühjahr und Herbst etwa 0,2 g N/m² pro Woche. Den Humusgehalt kann man sich erstmalig auch mithilfe einer Bodenprobe bestimmen lassen (siehe Seite 140).

4. Gründüngung und Pflanzenrückstände berücksichtigen

Gründüngung und Pflanzenrückstände liefern erhebliche Mengen an Stickstoff, der teils mineralisiert, teils erst während der Saison verfügbar ist und in Stickstoffbilanz eingeht. Auch hier kann man mit Schätzwerten arbeiten.

Stickstoff aus Gründüngung ist erst nach dem Verrotten anrechenbar und wird nach der Aufwuchshöhe geschätzt, bevor sie abgemäht beziehungsweise untergegraben wird:

Stickstoff aus Gründüngung

Aufwuchshöhe in cm	anrechenbare N-Menge in g/m²
< 5	1
5 – 14	2
15 – 30	4
> 30	6

Ernterückstände und sonstige Pflanzenreste werden vereinfacht mit 1,5 g N/m^2 angenommen. Fällt viel Pflanzenmasse an, kann die Stickstoffmenge verdoppelt werden.

5. Kompost und Mist berücksichtigen

Werden im Herbst oder Frühjahr Kompost und Stallmist aufs Beet gebracht, fließen auch deren Stickstoffmengen in die Stickstoffbilanz ein.

Starkzehrende Gemüsekulturen bekommen maximal 3 Liter Kompost pro Quadratmeter. Damit **wird dem Boden etwa 2 g N/m^2 zugeführt.**

Beim Mist ist der Stickstoffgehalt abhängig von der Tierart, Einstreu, Tierfutter und anderen Faktoren. Er liefert etwa 3 Jahre lang Stickstoff. Der folgenden Tabelle lässt sich der geschätzte Gehalt an verfügbarem Stickstoff der verschiedenen Tiermiste entnehmen.

Stickstoff aus Tiermist

Tiermist	verfügbarer N in g/kg
Geflügelmist	9
Hühnertrockenkot / Taubentrockenkot	22
Pferdmist	2
Rindermist	2
Schafsmist	3,2
Schweinemist	2,4
Stallhasenmist	3,2

Geflügelmist hat einen deutlich höheren Stickstoffgehalt und sollte geringer dosiert werden (0,3 kg/m^2) als anderer Mist (3 kg/m^2). Wird mit 3 kg Rindermist oder Pferdemist pro Quadratmeter gedüngt, **fügt das dem Boden 6 g N/m^2 zu.**

So berechnet man die Düngemenge

Hat man alle Werte in die Stickstoffbilanz einbezogen, erhält man die tatsächliche Menge an Stickstoff, die noch gedüngt werden muss, damit die Pflanze optimal mit Stickstoff versorgt ist.

Da Dünger keinen reinen Stickstoff, sondern Stickstoffverbindungen enthalten, muss diese Stickstoffmenge nun noch in Dünger umgerechnet werden. Mit Phosphor, Kalium und Magnesium ist der Boden meist gut versorgt. Mangelsymptome treten selten auf. Im Zweifel können diese drei Hauptnährstoffe mit einer Bodenanalyse ermittelt werden. Das macht man etwa alle 3 bis 5 Jahre. Der Nährstoffgehalt eines Düngers ist auf der Packung in Prozent angegeben.

allgemeine Rechnung:	Beispiel Hornmehl:
100	100
: Nährstoffgehalt des Düngers [%]	: 10
× Düngebedarf des Nährstoffs [g/m²]	× 4 g N/m²
= Düngemenge [g/m²]	= 40 g Hornmehl pro m²

Bei Mehrnährstoffdüngern wie Hornoska, Vinasse und Maltaflor richtet sich die Düngemenge nach dem Hauptbedarf, bei reinem Stickstoff ist es N.

Hilfe bei der Düngemengenberechnung bietet das kostenfreie Computerprogramm DiG »Düngung im Garten« der Hochschule Weihenstephan Triesdorf:
http://www.gartenbausoftware.de/dig-duengung-im-garten.html

Bezugsquellen

Saatgut für Mais, Bohnen und die Kürbisfamilie

Deaflora
Dr.-Wolff-Straße 6
14542 Werder / Havel OT Glindow
www.deaflora.de

Gärtnerei NATURWUCHS
Bardenhorst 15
33739 Bielefeld
www.naturwuchs.de

ingana Shop
Konrad-Adenauer-Straße 8
35440 Linden
www.inganashop.de

Dreschflegel GbR
In der Aue 31
37213 Witzenhausen
www.dreschflegel-saatgut.de

Bobby-Seeds
FLOVEG GmbH
Rinner Straße 27 – 29
53925 Kall-Sötenich
www.bobby-seeds.com

Bingenheimer Saatgut AG
Kronstraße 24
61209 Echzell-Bingenheim
www.bingenheimersaatgut.de

Keller GmbH & Co. KG
Konradstraße 17
79100 Freiburg
www.biokeller.de

Irinas Tomaten & Kräuter
Spezialitätengärtnerei
Blattenhof 1
93142 Maxhütte-Haidhof
www.irinas-tomaten.de

Bio-Saatgut Gaby Krautkrämer
Weingartenstraße 58
97252 Frickenhausen am Main
www.bio-saatgut.de

Reinsaat KG
3572 St. Leonhard am Hornerwald 69
Österreich
www.reinsaat.at

Sativa Rheinau AG
Klosterplatz 1
8462 Rheinau
Schweiz
www.sativa-rheinau.ch

Aiko-Samen
Stationsweg 1
1606XN Venhuizen
Niederlande
www.aiko-samen.de

Weiterführende Literatur

Nährstoffaufnahme in den Drei Schwestern

Johannes A. Postma & Jonathan P. Lynch (2012): Complementarity in root architecture for nutrient uptake in ancient maize/bean and maize/bean/squash polycultures. Annals of Botany 110: 521-534 http://aob.oxfordjournals.org/content/110/2/521.full.pdf+html

Der Ursprung der Drei Schwestern

Amanda J. Landon (2008): The »How« of the Three Sisters: The Origins of Agriculture in Mesoamerica and the Human Niche. Nebraska Anthropolgist. Paper 40 http://digitalcommons.unl.edu/nebanthro/40

John P. Hart (2008): Evolving the Three Sisters: The changing histories of maize, bean, and squash in New York and the Greater North East. In John P. Hart (Hrsg.): Current Northeast Paleoethnobotany II. Ney York State Museum Bulletin Series 512, p. 87-99 http://www.nysm.nysed.gov/staffpubs/docs/16673.pdf

Jane Mt. Pleasant (2006): The Science behind the Three Sisters Mound System. In Histories of Maize: Multidisciplinary Approaches to the Prehistory, Biogeography, Domestication, and Evolution of Maize, edited by J. Staller, R. Tykot, and B. Benz, pp. 529–538 https://ay14-15.moodle.wisc.edu/prod/pluginfile.php/59462/mod_resource/content/0/MTPLEASANT06_The_science%20_behind_the_three_sisters.pdf

Anabel Ford and Ronald Nigh (2010): The Milpa Cycle and the Making of the Maya Forest Garden. Research Reports in Belizean Archaeology, Vol. 7, pp. 183-190
http://www.marc.ucsb.edu/sites/www.marc.ucsb.edu/files/pdfs/ResearchDevelopment/10%20AF%20Milpa%20Cycle%20MFG.pdf

Helda Morales and Ivette Perfecto (2000): Traditional Knowledge and Pest Management in the Guatemalan Highlands. Agriculture and Human Values 17: 49–63.

Die Autorin

Dr. Natalie Faßmann ist Gartenbauingenieurin und Autorin. Sie arbeitet als Redakteurin bei der »GartenFlora«, wo sie die Ressorts Gartengestaltung und Pflanzenschutz betreut, und engagiert sich in verschiedenen Urban-Gardening-Projekten. Frau Faßmann hat mehrere Jahre Anbauerfahrung mit der Mischkultur der Drei Schwestern. Die Autorin lebt mit ihrer Familie in Berlin.

Im pala-verlag sind von ihr außer diesem Buch die Titel »Auf gute Nachbarschaft. Mischkultur im Garten«, »In die Falle gegangen. Pflanzenschutz mit Gelbtafel, Leimgürtel, Schutznetz & Co.« sowie »Beinwelljauche, Knoblauchtee & Co. Pflanzenauszüge zum Düngen und Stärken« erschienen.

Rezeptverzeichnis

Konservieren

Vorspeisen

Beilagen

Hauptgerichte

Natalie Faßmann:
Auf gute Nachbarschaft
ISBN: 978-3-89566-257-7

Natalie Faßmann:
Beinwelljauche, Knoblauchtee & Co.
ISBN: 978-3-89566-312-3

Natalie Faßmann:
In die Falle gegangen
ISBN: 978-3-89566-288-1

Agnes Pahler:
Das Kompostbuch
ISBN: 978-3-89566-315-4

Sofie Meys:
Schneckenalarm!
ISBN: 978-3-89566-322-2

Dettmer Grünefeld:
Das Mulchbuch
ISBN: 978-3-89566-218-8

Thomas Lohrer:
Marienkäfer, Glühwürmchen, Florfliege & Co.
ISBN: 978-3-89566-277-5

Dr. Ralf Klinger:
Regenwürmer – Helfer im Garten
ISBN: 978-3-89566-282-9

Dirk A. Diehl:
Ein Garten für Fledermäuse
ISBN: 978-3-89566-311-6

Wolf Richard Günzel:
Ein Garten für Eidechsen
ISBN: 978-3-89566-334-5

Werner David:
Von Fallenstellern und Liebesschwindlern
ISBN: 978-3-89566-267-6

Brigitte Kleinod:
Nachts in meinem Garten
ISBN: 978-3-89566-330-7

Ulla Grall:
Bohnen – vom Garten in die Küche
ISBN: 978-3-89566-298-0

Herbert Walker:
Bohnen, Erbsen, Linsen & Co.
ISBN: 978-3-89566-215-7

Petra Müller-Jani, Joachim Skibbe:
Köstliche Kürbis-Küche
ISBN: 978-3-89566-319-2

Astrid Martínez Paternina:
Mais – das goldene Korn
ISBN: 978-3-89566-327-7

ISBN: 978-3-89566-351-2

Rheinstraße 35, 64283 Darmstadt
www.pala-verlag.de

Umschlag- und Innenillustrationen: Margret Schneevoigt

Lektorat: Angelika Eckstein

Satz und Gestaltung: Verlag Die Werkstatt Göttingen
www.werkstatt-verlag.de

Druck und Bindung: CPI books GmbH, Leck
Printed in Germany

Dieses Buch ist auf Papier aus 100 % Recyclingmaterial gedruckt.